JN438007

표 준 주 기 율 표

Periodic Table of the Elements

표기법:

원자 번호
기호
원소명(국문)
원소명(영문)
일반 원자량
표준 원자량

1	2	3	4	5	6	7	8	9	10	11	12	13	14	15	16	17	18
1 **H** 수소 hydrogen 1.008 [1.0078, 1.0082]																	2 **He** 헬륨 helium 4.0026
3 **Li** 리튬 lithium 6.94 [6.938, 6.997]	4 **Be** 베릴륨 beryllium 9.0122											5 **B** 붕소 boron 10.81 [10.806, 10.821]	6 **C** 탄소 carbon 12.011 [12.009, 12.012]	7 **N** 질소 nitrogen 14.007 [14.006, 14.008]	8 **O** 산소 oxygen 15.999 [15.999, 16.000]	9 **F** 플루오린 fluorine 18.998	10 **Ne** 네온 neon 20.180
11 **Na** 소듐 sodium 22.990	12 **Mg** 마그네슘 magnesium 24.305 [24.304, 24.307]											13 **Al** 알루미늄 aluminium 26.982	14 **Si** 규소 silicon 28.085 [28.084, 28.086]	15 **P** 인 phosphorus 30.974	16 **S** 황 sulfur 32.06 [32.059, 32.076]	17 **Cl** 염소 chlorine 35.45 [35.446, 35.457]	18 **Ar** 아르곤 argon 39.948
19 **K** 포타슘 potassium 39.098	20 **Ca** 칼슘 calcium 40.078(4)	21 **Sc** 스칸듐 scandium 44.956	22 **Ti** 타이타늄 titanium 47.867	23 **V** 바나듐 vanadium 50.942	24 **Cr** 크로뮴 chromium 51.996	25 **Mn** 망가니즈 manganese 54.938	26 **Fe** 철 iron 55.845(2)	27 **Co** 코발트 cobalt 58.933	28 **Ni** 니켈 nickel 58.693	29 **Cu** 구리 copper 63.546(3)	30 **Zn** 아연 zinc 65.38(2)	31 **Ga** 갈륨 gallium 69.723	32 **Ge** 저마늄 germanium 72.630(8)	33 **As** 비소 arsenic 74.922	34 **Se** 셀레늄 selenium 78.971(8)	35 **Br** 브로민 bromine 79.904 [79.901, 79.907]	36 **Kr** 크립톤 krypton 83.798(2)
37 **Rb** 루비듐 rubidium 85.468	38 **Sr** 스트론튬 strontium 87.62	39 **Y** 이트륨 yttrium 88.906	40 **Zr** 지르코늄 zirconium 91.224(2)	41 **Nb** 나이오븀 niobium 92.906	42 **Mo** 몰리브데넘 molybdenum 95.95	43 **Tc** 테크네튬 technetium	44 **Ru** 루테늄 ruthenium 101.07(2)	45 **Rh** 로듐 rhodium 102.91	46 **Pd** 팔라듐 palladium 106.42	47 **Ag** 은 silver 107.87	48 **Cd** 카드뮴 cadmium 112.41	49 **In** 인듐 indium 114.82	50 **Sn** 주석 tin 118.71	51 **Sb** 안티모니 antimony 121.76	52 **Te** 텔루륨 tellurium 127.60(3)	53 **I** 아이오딘 iodine 126.90	54 **Xe** 제논 xenon 131.29
55 **Cs** 세슘 caesium 132.91	56 **Ba** 바륨 barium 137.33	57-71 란타넘족 lanthanoids	72 **Hf** 하프늄 hafnium 178.49(2)	73 **Ta** 탄탈럼 tantalum 180.95	74 **W** 텅스텐 tungsten 183.84	75 **Re** 레늄 rhenium 186.21	76 **Os** 오스뮴 osmium 190.23(3)	77 **Ir** 이리듐 iridium 192.22	78 **Pt** 백금 platinum 195.08	79 **Au** 금 gold 196.97	80 **Hg** 수은 mercury 200.59	81 **Tl** 탈륨 thallium 204.38 [204.38, 204.39]	82 **Pb** 납 lead 207.2	83 **Bi** 비스무트 bismuth 208.98	84 **Po** 폴로늄 polonium	85 **At** 아스타틴 astatine	86 **Rn** 라돈 radon
87 **Fr** 프랑슘 francium	88 **Ra** 라듐 radium	89-103 악티늄족 actinoids	104 **Rf** 러더포듐 rutherfordium	105 **Db** 두브늄 dubnium	106 **Sg** 시보귬 seaborgium	107 **Bh** 보륨 bohrium	108 **Hs** 하슘 hassium	109 **Mt** 마이트너륨 meitnerium	110 **Ds** 다름슈타튬 darmstadtium	111 **Rg** 뢴트게늄 roentgenium	112 **Cn** 코페르니슘 copernicium	113 **Nh** 니호늄 nihonium	114 **Fl** 플레로븀 flerovium	115 **Mc** 모스코븀 moscovium	116 **Lv** 리버모륨 livermorium	117 **Ts** 테네신 tennessine	118 **Og** 오가네손 oganesson

57 **La** 란타넘 lanthanum 138.91	58 **Ce** 세륨 cerium 140.12	59 **Pr** 프라세오디뮴 praseodymium 140.91	60 **Nd** 네오디뮴 neodymium 144.24	61 **Pm** 프로메튬 promethium	62 **Sm** 사마륨 samarium 150.36(2)	63 **Eu** 유로퓸 europium 151.96	64 **Gd** 가돌리늄 gadolinium 157.25(3)	65 **Tb** 터븀 terbium 158.93	66 **Dy** 디스프로슘 dysprosium 162.50	67 **Ho** 홀뮴 holmium 164.93	68 **Er** 어븀 erbium 167.26	69 **Tm** 툴륨 thulium 168.93	70 **Yb** 이터븀 ytterbium 173.05	71 **Lu** 루테튬 lutetium 174.97
89 **Ac** 악티늄 actinium	90 **Th** 토륨 thorium 232.04	91 **Pa** 프로트악티늄 protactinium 231.04	92 **U** 우라늄 uranium 238.03	93 **Np** 넵투늄 neptunium	94 **Pu** 플루토늄 plutonium	95 **Am** 아메리슘 americium	96 **Cm** 퀴륨 curium	97 **Bk** 버클륨 berkelium	98 **Cf** 캘리포늄 californium	99 **Es** 아인슈타이늄 einsteinium	100 **Fm** 페르뮴 fermium	101 **Md** 멘델레븀 mendelevium	102 **No** 노벨륨 nobelium	103 **Lr** 로렌슘 lawrencium

참조) 표준 원자량은 2011년 IUPAC에서 결정한 새로운 형식을 따른 것으로 [ ] 안에 표시된 숫자는 2 종류 이상의 안정한 동위원소가 존재하는 경우에 지각 시료에서 발견되는 자연 존재비의 분포를 고려한 표준 원자량의 범위를 나타낸 것임. 자세한 내용은 *Pure Appl. Chem.* 83, 359-396(2011); doi:10.1351/PAC-REP-10-09-14을 참조하기 바람.

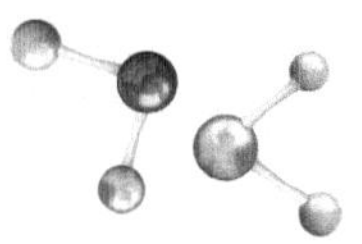

LABORATORY EXPERIMENTS FOR
GENERAL CHEMISTRY

일반화학실험

일반화학실험교재연구회

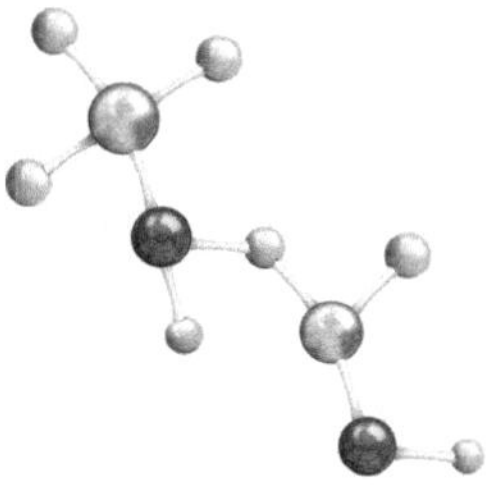

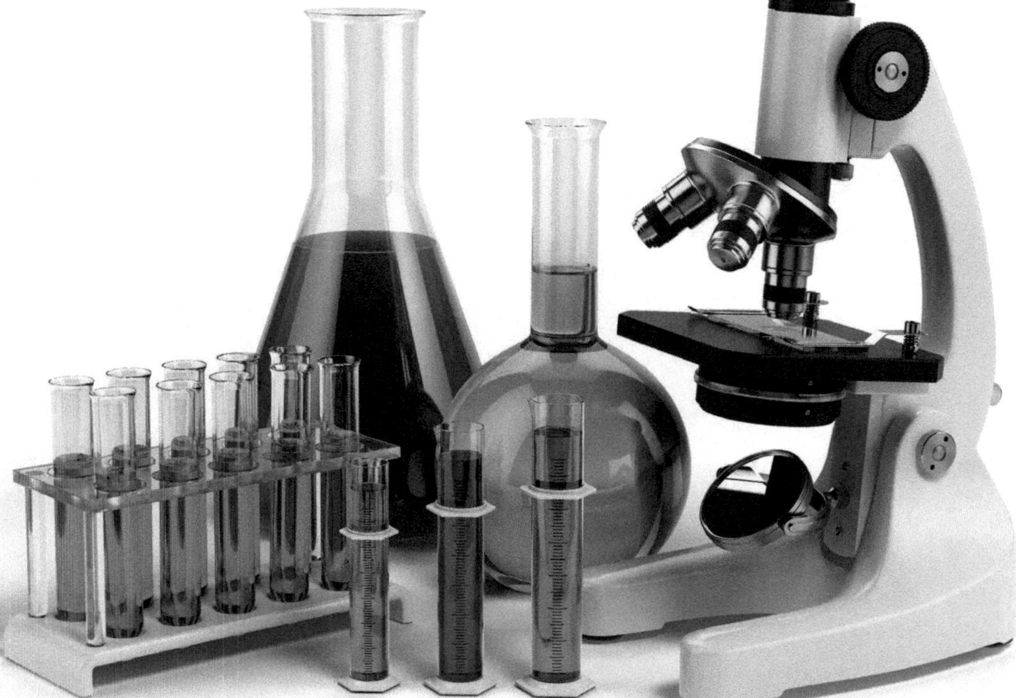

머리말

화학은 물리학, 지구과학 그리고 생명과학과 더불어 자연 과학의 한 분야로서 이론과 실험이 병행되어야만 완전한 학문이 될 수 있으며 어느 한 쪽으로 치우치면 불완전할 수밖에 없다.

따라서 강의실에서 배운 일반화학의 개념과 이론은 실험을 통해서 몸소 직접 실습으로 체험을 할 때 비로소 산지식이 될 수 있을 것으로 생각한다.

이 책에서는 먼저 각 장마다 실험의 목적을 제시하고 그것의 기본이 되는 원리를 설명하여 관련 실험을 이해할 수 있도록 최대한으로 노력하였고, 또한 최근 대한화학회에서 편찬한 유기화합물 명명법과 무기화합물 명명법을 토대로 화합물의 이름을 명명하였다.

저자들은 이 책의 완성도를 높이기 위해 노력하였지만 부족한 점도 있으리라 생각한다. 이에 여러분들의 많은 편달을 기대하고 후일 더 좋은 책으로 거듭날 수 있도록 노력할 것이다. 아무쪼록 이공계 신입생들이 일반화학 실험에서 이 책을 적극 활용하여 소기의 성과1를 이룰 수 있다면 큰 보람이 되겠다.

아울러 이 책의 발행에 물심양면으로 많은 도움을 준 드림플러스 임직원 모두에게 깊은 감사를 드린다.

지은이 적음

차례

제1부 서론

제2부 실험

제3부 부록

제1부

서론

1. 실험실에서 지켜야 할 사항
2. 응급 처치법
3. 시약
4. 물질안전보건자료
5. 실험 · 실습실에서 사용되는 기본기구
6. 기초실험 조작법

1. 실험실에서 지켜야 할 사항

화학실험실에서의 사고는 대단히 위험한 경우가 많으므로 다음 안전규칙을 반드시 지켜야 한다. 만약의 사고에 대비하여 각자 소화기 등의 안전장비 사용과 대피할 수 있는 출입문의 위치를 확인하고 있어야 한다.

① 실험실에서는 항상 실험복을 착용하여야 하고, 정숙한 몸가짐으로 다른 학생에게 방해가 되지 않도록 행동하여야 한다. 실험실에서 시약이 담겨진 기구를 들고 움직일 때에는 조심하여야 하며 실험실에서 뛰어 다녀서는 안 된다. 신발은 발등이 덮여지고 잘 미끄러지지 않는 것을 착용한다.

② 눈을 보호하기 위하여 가능하면 보안경을 착용하도록 한다. 콘텐트 렌즈는 착용하지 않는 것이 좋다. 눈에 시약이 들어갔을 경우에는 먼저 많은 양의 물로 씻은 후 적절한 치료를 받도록 한다.

③ 화학실험은 화재, 폭발 등의 가능성도 있으므로 반드시 실험방법을 주의하여 따르도록 하고 허가받지 않은 실험은 하지 않도록 한다.

④ 대부분의 시약은 유독하므로 피부에 직접 닿게 하거나 맛을 보아서는 안된다. 시약의 냄새를 맡고자 할 때에는 얼굴을 향하여 손으로 부채질을 하여 간접적으로 냄새를 맡도록 하고 다량의 기체를 흡입하지 않도록 주의한다.

⑤ 실험실은 통풍이 잘 되도록 하여야 한다. 독성이 있거나 냄새가 심한 기체가 발생할 때에는 후드 안에서 실험하여야 한다. 후드를 사용 할 때에는 후드 안에 머리를 넣지 않도록 한다.

⑥ 시약은 반드시 시약병의 표지를 확인한 후 사용하도록 하고, 기체가 발생하는 시약은 후드 밖으로 가지고 나오지 않아야 한다. 시약병은 반드시 두 손을 사용하여 병의 몸통 부분과 바닥을 받쳐 들어야 한다. 한 손으로 병의 마개를 잡고 옮기지 않는다.

⑦ 가스버너를 사용하는 경우에는 사전에 사용법을 충분히 알아둔다. 유리 기구를 가열할 경우에는 반드시 석면판을 사용하여 유리 기구에 직접 가스 불꽃이 닿지 않도록 한다.

⑧ 액체를 가열할 때에는 끓임쪽(boiling chip)을 사용하여 액체가 튀어 오르지 않도록 하고 시험관의 입구가 주위의 학생을 향하지 않도록 조심한다. 인화성이 있는 액체는 반드시 중탕을 사용하여 가열한다.

⑨ 뜨거운 유리 기구는 반드시 유리 집게를 사용하여 취급한다. 장갑을 사용하면 편리하다. 유리판을 취급하는 경우에는 장갑을 착용하거나 수건을 사용하도록 한다. 유리관을 자

른 후에는 반드시 가스 불꽃으로 끝을 둥글게 하여야 한다. 유리관을 고무마개에 끼울 때는 물을 묻혀서 하고 무리한 힘을 사용하지 않도록 한다.

⑩ 진한 산을 묽힐 때에는 언제나 물에 산을 천천히 저으면서 가한다. 물을 산에 부으면 안 된다.

⑪ 실험대는 물론이고 사용하지 않는 유리기구도 항상 깨끗이 씻어 두어 갑자기 필요할 때 언제라도 쓸 수 있도록 한다.

⑫ 실험이란 화학반응이 어떻게 진행되는가를 관찰하는 행동이기 때문에 실험 중에는 반드시 자리를 지키고 어떤 현상이 일어나는가를 자세히 관찰하는 습관을 가지는 것이 중요하다. 실험 도중에 자리를 이탈하는 것은 잘못된 행동일 뿐만 아니라 화재의 위험도 크다.

⑬ 물질을 버리는 것은 언제라도 할 수 있는 일이기 때문에 그것이 정말 불필요한지를 충분히 생각한 후에 버리는 습관을 가져야 한다. 버리는 방법에 따라서 화재가 일어나는 경우도 있다. 성냥불이나 유기용매가 묻은 종이 등을 버릴 때는 특히 주의해야 한다.

⑭ 실험이 끝나면 기구를 깨끗이 씻어서 정리하여 시약병과 함께 제자리에 둔다. 유리조각이나 여과지 등은 반드시 휴지통에 버려야 하며 싱크대에 버려서는 안 된다. 마지막으로 실험실을 나올 때에는 전기, 수도, 가스에 이상이 없는지를 확인하여야 한다.

2. 응급 처치법

실험실 내에서 화재, 폭발 또는 부상 등의 사고가 발생할 경우에는 당황하지 말고 침착하게 적절한 응급조치를 하고 반드시 담당 조교에게 안전 확인을 받은 후 실험을 계속한다.

① 화재가 발생하였을 때 : 버너, 전기 등의 열원을 모두 끄고 인화성 물질을 먼 곳으로 옮기며 화학화재용 소화기 또는 모래를 사용하여 소화 작업을 한다. 물에 잘 섞이지 않는 유기용매에 불이 붙었을 경우에는 절대로 물을 사용하여서는 안 된다.

② 의복에 불이 붙었을 때 : 당황하여 뛰지 말고 담요나 실험복으로 덮어서 불을 끈다. 얼굴 부근의 불이 아닐 경우에는 화학화재용 소화기를 사용하여도 좋다. 또한 물에 섞이지 않는 유기 용매에 의한 불이 아닐 경우에는 물을 사용할 수도 있다.

③ 불에 의한 화상 : 물로 씻지 말고 우선 연고를 바른 후 적절한 치료를 받는다.

④ 시약에 의한 화상 : 즉시 다량의 깨끗한 물로 씻는다. 산에 의한 화상일 경우에는 묽은

탄산수소나트륨 용액으로, 염기성 시약에 의한 화상일 경우에는 묽은 아세트산 용액으로 씻은 후 적절한 치료를 받는다.

⑤ 눈에 약품이 들어갔을 때 : 산이 들어갔을 때에는 묽은 탄산수소나트륨 용액으로 씻고 알칼리가 들어갔을 때에는 붕산 세안액으로 씻는다. 그 후 깨끗한 물로 충분히 씻고 의사의 검진을 받는다.

⑥ 시약을 마셨을 때 : 즉시 손을 입에 넣어 토하도록 하고 의사의 응급 처치를 받도록 한다.

⑦ 유독 가스를 들이마셨을 때 : 즉시 앉거나 누워서 깊게 호흡한다. 할로겐을 들이마셨을 때에는 알코올을 적신 솜뭉치를 코에 대어 증기를 흡입하면 기분이 좋아진다. 많은 양의 증기를 마셨을 때에는 인공호흡을 시키고 산소의 흡입이 필요하면 즉시 의사를 불러야 한다.

⑧ 베었을 때 : 에탄올로 소독하고, 거름종이 또는 깨끗한 수건을 사용하여 지혈이 되도록 한다.

⑨ 폭발이 발생하였을 때 : 일단 실험실에서 모든 학생을 대피시키고 화재가 발생하였을 경우에는 방독면을 착용하고 화학화재용 소화기를 사용하여 소화한다. 실험실의 통풍이 잘 되도록 조처하고 유독성 기체가 없음을 확인한 후 뒤처리를 한다.

⑩ 시약에 불이 붙었을 때 : 모든 열원(버너나 전기로 등)을 끄고 인화성 물질이나 용매를 먼 곳으로 옮긴다. 물과 잘 섞이는 용매(아세톤이나 알코올 등)에 불이 붙었을 때에는 물로 소화 작업을 하여도 무방하지만 보통 이산화탄소 소화기를 사용한다.

3. 시약

3.1 표준시약의 조제

3.1.1 농도

용액의 진하고 묽은 정도를 나타내는 용어이며 용액을 구성하는 용매와 용질의 조성비를 나타낸 것을 농도라고 한다. 여러 가지 농도의 정의를 표 3.1에 나타내었다.

| 표 3.1 | 용액의 농도 표시법(용액의 농도 : 용매 A와 용질 B인 두 성분에 대한 것이다)

단 위	기 호	계 산	비 고
무게퍼센트	$wt\%$	$wt\% = \dfrac{B\text{의 질량}(g)}{A\text{의 질량}(g) + B\text{의 질량}(g)} \times 100\%$	
몰농도	M	$M_B = \dfrac{B\text{의 몰수}}{(A+B)\text{용액의 부피}(l)}$	온도에 따라 변한다.
몰분율	X	$X_B = \dfrac{B\text{의 몰수}}{A\text{의몰수} + B\text{의몰수}}$	$X_A + X_B = 1$
몰랄농도	m	$m_B = \dfrac{B\text{의 몰수}}{A\text{의 질량}(g)} \times \dfrac{1{,}000g}{kg} = \dfrac{A\ 1{,}000g\text{속의 }B\text{의질량}}{B\text{의 분자량}}$	온도의 영향이 없다.
노르말 농도	N	$N_B = \dfrac{B\text{의 당량*}}{(A+B)\text{용액의부피}(l)}$	
ppm 농도	ppm	$ppm = \dfrac{\text{검출물량(질량 또는 부피)}}{\text{시료전량(질량 또는 부피)}} \times 10^6$	아주 적은 양의농도를 나타낸다.

* 산과 염기에서 수소 이온(H^+) 1몰을 낼 수 있는 산의 양이나 수산화 이온(OH^-)1몰을 낼 수 있는 염기의 양을 1그램 당량이라고 한다.

3.1.2 용액의 희석

용액을 용매로 묽게(희석)할 경우에 진한 용액의 부피를 V_1, 노르말 농도를 N_1, 묽게 된 다음의 용액의 부피를 V_2, 노르말 농도를 N_2라 하면 다음 식이 성립된다.

$$N_1 V_1 = N_2 V_2$$

위의 관계식은 중화 적정에도 응용된다.

용액을 희석시킬 때에 발열되는 경우에는 반드시 증류수에 진한 용액을 조금씩 첨가하면서 반응시켜야 한다. 예로서 묽은 황산 용액을 만들 때에는 증류수에 진한 황산을 조금씩 녹여야 하며 반대로 진한 황산에 증류수를 넣으면 폭발의 위험이 있으므로 삼가야 한다.

3.2 시판되고 있는 시약의 농도

3.2.1 산

① 황산(sulfuric acid, H_2SO_4) : 18 M 수용액(98 wt%)으로 판매되는 매우 센 산이며, 물과 많은 열을 내면서 격렬하게 반응한다. 진한 황산을 묽힐 때에는 반드시 물에 산을 서서히 가하면서 잘 저어주어야 한다. 진한 황산은 강한 탈수력을 가지고 있다. 금속을 녹이

기 위하여 황산을 사용하는 경우에는 과량을 사용하여서는 안 된다. 남은 황산을 증발시키기가 매우 어렵고, 황산을 가열하면 독성이 심한 기체가 발생한다.

② 질산(nitric acid, HNO_3) : 15 M 수용액(70 wt%)으로 판매되는 센 산이며, 매우 강한 산화력을 일으키며 갈색의 이산화질소 기체를 발생시킨다. 알루미늄, 크롬, 철 또는 주석의 진한 질산에는 잘 녹지 않는데, 진한 질산에 의하여 산화되어 잘 녹지 않는 금속 산화물의 막을 만들기 때문이다. 이러한 경우에는 진한 질산보다 묽은 질산이 더 유용하다.

③ 염산(hydrochloric acid, HCl) : 12 M 수용액(37 wt/%)으로 판매되는 전형적인 센 산이다. 많은 금속과 반응하여 수소 기체와 금속 양이온을 생성시킨다. 휘발성이 크기 때문에 과량의 염산은 가열하여 쉽게 제거할 수 있다.

④ 인산(phosphoric acid, H_3PO_4) : 15 M 수용액(85 wt%)으로 판매되는 약한 산이다. 이온화하면 3개의 양성자를 내어놓는 3가 산이다. 인산은 휘발성이 없고 산화력이 약하다.

⑤ 아세트산(acetic acid, CH_3COOH) : 가장 많이 사용되는 유기산으로 빙초산이라고도 불리며, 18 M 수용액(99.7 wt%)으로 판매된다. 아세트산은 가장 흔히 쓰이는 약한 산으로 산성의 완충용액을 만드는데 많이 사용된다. 진한 질산과 혼합되면 폭발성 물질을 만든다.

3.2.2 염기

① 수산화나트륨(sodium hydroxide, $NaOH$) : 물에 녹으면 매우 센 염기성을 나타낸다. 고체 $NaOH$를 물에 녹일 때 많은 열이 발생하므로 주의하여야 한다. 수용액은 염기성이 매우 크기 때문에 공기 중의 이산화탄소를 쉽게 흡수하여 탄산염을 만든다. 그러므로 수산화나트륨 수용액은 항상 사용하기 직전에 만들어야 한다.

② 암모니아 수용액(aqueous ammonium solution, NH_4OH) : 진한 암모니아 수용액은 15 M의 암모니아를 포함하며, 전형적인 약염기로 사용된다. 염기성의 완충용액을 만드는데 많이 사용된다. 양성자와 반응하여 암모늄 이온을 만들고 여러 가지 전이금속 이온들과 착이온을 형성한다. 과량의 암모니아 용액은 수산화나트륨 용액을 가하며 가열하면 쉽게 제거할 수 있다.

3.2.3 기타 시약 및 지시약의 조제

① 과산화수소(hydrogen peroxide, H_2O_2) : 보통 30% 수용액으로 판매되는 강한 산화제이지만 약한 환원력도 가지고 있다. 진한 과산화수소 용액은 피부에 화상을 입힐 수 있으

므로 주의하여야 하고 과량의 과산화수소는 가열하면 쉽게 제거된다.

② 과망간산 포타슘(potassium permangnate, $KMnO_4$) : 매우 강한 산화제로 산성용액에서는 Mn^{2+} 이온을, 그리고 염기성 용액에서는 물에 녹지 않는 MnO_2를 생성한다. 진한 황을 섞으면 매우 폭발성이 센 화합물을 형성한다.

③ 다이크롬산 포타슘(potassium dichromate, $K_2Cr_2O_7$) : 강한 산화제로 초록색의 Cr^{3+} 이온을 생성한다. 산성용액에서는 오렌지색의 $Cr_2O_7{}^{2-}$ 이온으로 존재하고, 염기성 용액에서는 노란색의 $CrO_4{}^{2-}$ 이온으로 존재한다. 크롬이온은 독성이 강하기 때문에 실험 후에 회수하여 적절히 처리한 후 폐기하여야 한다.

④ 페놀프탈레인 액 : 60% 메틸 알콜 1 l에 약 1 g의 페놀프탈레인을 녹인다.

⑤ 메틸오렌지 액 : 소량의 온수에 메틸오렌지 1 g을 녹이고 전체 부피가 1 l 되도록 물로 묽힌다.

⑥ E.B.T.지시약 : 메틸알코올 100 ml에 Eriochrome Black T 1 g을 녹이고 정성 여과지에 걸러서 점적병에 보관한다. E.B.T. 지시약은 물의 경도 측정에 사용한다.

⑦ 전분용액(starch solution) : 가용성 녹말 1 g을 100 ml의 물에 넣고 교반, 가열하면서 녹인다.

⑧ 아이오딘 액 : 아이오딘(I_2) 약 14 g과 아이오딘화 포타슘(KI) 36 g을 100 ml의 물에 넣고 교반, 가열하면서 녹인다.

⑨ 아이오딘화 포타슘 전분 종이 : 과산화수소, 오존 등 산화력이 큰 물질의 확인에 사용한다. 0.1% 아이오딘화 포타슘 액 10 ml에 1% 전분액 1 ml를 가하여 섞은 다음 여기에 여과지를 담갔다가 꺼내어 사용한다.

⑩ 네슬러(Nessler) 시약 : 암모니아 검출에 사용하는 시약이다. 찬 증류수 50 ml에 아이오딘화 포타슘(KI) 50 g을 녹인 후에, 포화된 아이오딘화 수은(HgI_2, 일반적으로 60 g/l 정도)을 침전이 생길 때까지 넣어 준다. 이후에 5 M 농도의 수산화 소듐(NaOH) 용액 200 ml를 넣고, 1 l가 될 때까지 묽혀준 뒤에 방치한다. 이후에 윗부분의 맑은 용액을 사용한다

⑪ Thioacetamine 용액 : 50 g의 CH_3CSNH_2를 물에 용해시켜 1 l 용액으로 만든다. H_2S gas를 발생시킬 수 있는 편리한 시약으로 갈색병에 보관하며 정성분석에 쓰인다.

| 표 3.2 | 지시약의 범위

지시약	pH 범위	변색 산-염기	용액 100 mℓ에 첨가되는 양(0.1%)
Thymol blue	1.2 ~ 2.4	red yellow	2 drop(20% alc.)
β-Dinitrophenol	2.0 ~ 4.0	colorless-yellow	1 ~ 2 drop(20% alc.)
Methyl yellow	2.9 ~ 4.0	red-yellow	2 ~ 5 drop(90% alc.)
Bromophenol blue	3.0 ~ 3.6	yellow-blue	2 ~ 5 drop(20% alc.)
Methyl orange	3.1 ~ 4.4	red-yellow	3 ~ 5 drop
Bromocresol green	3.8 ~ 5.4	yellow-blue	1 ~ 5 drop(90% alc.)
Methyl red	4.2 ~ 6.2	red-yellow	2 ~ 4 drop(90% alc.)
Litmus	4.5 ~ 8.3	red-blue	0.2% 10 ~ 20 drop
Bromocresol purple	5.2 ~ 6.8	yellow-purple	1 ~ 4 drop(20% alc.)
Bromothymol blue	6.0 ~ 7.6	yellow-blue	1 ~ 4 drop(20% alc.)
Neutral red	6.8 ~ 8.0	red-yellow	2 ~ 4 drop(70% alc.)
Phenol red	6.8 ~ 8.4	yellow-red	1 ~ 2 drop(20% alc.)
Phenolphthalein	8.3 ~ 10.0	colorless-red	3 ~ 10 drop(70% alc.)
Thymolphthalein	9.3 ~ 10.6	colorless-blue	3 ~ 10 drop(90% alc.)
Alizarin yellow R	10.1 ~ 12.0	yellow-violet	5 ~ 10 drop(90% alc.)
α-Naphthol benzene	9.0 ~ 11.0	yellow-blue	1 ~ 5 drop(90% alc.)
Cresol red	7.2 ~ 8.8	yellow-red	1 ~ 2 drop(20% alc.)
Methyl orange	3.1 ~ 4.4	red-yellow	1 drop

4. 물질안전보건자료

출처 : 한국산업안전보건공단 화학물질정보

질산(Nitric Acid) HNO_3

1. 일반정보

CAS No.:	7697-37-2	KE No. :	KE-25911
물질성상 :	액 체	분자량 :	63
끓 는 점 :	121 ℃	녹는점 :	-41.6 ℃

2. 물질정보

물 질 명	CAS No.	함유량(%)
질 산	7697-37-2	100%

3. 저장방법

- 빈 드럼통은 완전히 배수하고 적절히 막아 즉시 드럼 조절기에 되돌려 놓거나 적절히 배치하시오.
- 피해야할 물질 및 조건에 유의하시오.
- 열·스파크·화염·고열로부터 멀리하시오.(금연)
- 의류·가연성 물질로부터 격리·보관하시오.
- 용기는 환기가 잘 되는 곳에 단단히 밀폐하여 저장하시오.

4. 피해야 할 조건 및 물질

피해야 할 조 건	- 가연성 물질과의 접촉을 피할 것. - 건조한 곳에 보관할 것. - 위험한 가스가 밀폐공간에 축적될 수도 있음. - 상수도 및 하수도에서 떨어진 곳에 둘 것. - 열·스파크·화염·고열로부터 멀리하시오.(금연)
피해야 할 물 질	- 산, 가연성 물질, 할로 탄소 화합물, 아민, 염기, 산화제, 금속, 할로겐, 금속염, 금속 산화물, 환원제, 과산화물, 금속 카바이드, 시안화물. - 의류·가연성 물질로부터 격리·보관하시오. - 가연성 물질과 혼합되지 않도록 조치하시오.

5. 응급조치요령

눈에 들어갔을 때	- 눈에 묻으면 몇 분간 물로 조심해서 씻으시오. - 가능하면 콘택트렌즈를 제거하고 계속 씻으시오. - 긴급 의료조치를 받으시오.
피부에 접촉했을 때	- 뜨거운 물질인 경우, 열을 없애기 위해 영향을 받은 부위를 다량의 차가운 물에 담그거나 씻어내시오. - 긴급 의료조치를 받으시오. - 오염된 옷과 신발을 제거하고 오염지역을 격리하시오. - 다시 사용 전 오염된 의류는 세척하시오. - 의류에 묻으면 의류를 벗기 전에 오염된 의류 및 피부를 다량의 물로 즉시 씻어내시오. - 불편함을 느끼면 의료기관(의사)의 진찰을 받으시오. - 경미한 피부 접촉 시 오염부위 확산을 방지하시오.
흡입했을 때	- 즉시 의료기관(의사)의 진찰을 받으시오. - 과량의 먼지 또는 흄에 노출된 경우 깨끗한 공기로 제거 하고 기침이나 다른 증상이 있을 경우 의료 조치를 취하시오.
먹었을 때	- 긴급 의료조치를 받으시오. - 삼켰다면 입을 씻어내시고 토하게 하려 하지 마시오. - 물질을 먹거나 흡입하였을 경우 구강 대 구강법으로 인공호흡을 하지 말고 적절한 호흡의료장비를 이용하시오.

6. 누출 및 폭발·화재 사고시 대처방법

누출	- 매우 미세한 입자는 화재나 폭발을 일으킬 수 있으므로 모든 점화원을 제거하시오. - 엎질러진 것을 즉시 닦아내고, 보호구 항의 예방조치를 따르시오. - 오염 지역을 격리하시오. - 들어갈 필요가 없거나 보호장비를 갖추지 않은 사람은 출입하지 마시오. - 모든 점화원을 제거하시오. - 물분무를 이용하여 증기를 줄이거나 증기구름을 흩어트리고 물이 누출물과 접촉되지 않도록 하시오. - 방화복·방염복을 입으시오. - 위험하지 않다면 누출을 멈추시오. - 적절한 보호의를 착용하지 않고 파손된 용기나 누출물에 손대지 마시오. - 증기발생을 줄이기 위해 증기억제포말을 사용할 수 있음. - 용기에 물이 들어가지 않도록 하시오. - 피해야할 물질 및 조건에 유의하시오. - 분진·흄·가스·미스트·증기·스프레이의 흡입을 피하시오. - 물질 취급시 모든 장비를 반드시 접지하시오.

7. 그림문자

8. 유해위험 문구

- 흡입하면 치명적임
- 피부에 심한 화상과 눈에 손상을 일으킴
- 눈에 심한 손상을 일으킴
- 호흡기계 자극을 일으킬 수 있음
- 화재 또는 폭발을 일으킬 수 있음 ; 강산화제

9. 법적 규제현황

특수건강진단주기	12개월
작업환경측정주기	6개월
산업안전 보건법	특수건강진단물질 작업환경측정물질 관리대상물질
유해화학물질관리법에 의한 규제	유독물 사고대비물질
위험물안전관리법에 의한 규제	6류 질산

10. 취급시 주의사항

개인보호구 착용	배기설비 가동 / 용기밀폐	금연 화기엄금
밀폐공간에서는 공기공급식 송기 마스크 착용 면 마스크, 일반방진 방독 마스크 착용 금지		

황산(Sulfuric Acid) H_2SO_4

1. 일반정보

CAS No. :	7664-93-9	KE No. :	KE-32570
물질성상 :	액체	분자량 :	98.1
끓 는 점 :	340 ℃	녹는점 :	10 ℃

2. 물질정보

물질명	CAS_No.	함유량(%)
황 산	7664-93-9	100%

3. 저장방법

- 빈 드럼통은 완전히 배수하고 적절히 막아 즉시 드럼 조절기에 되돌려 놓거나 적절히 배치하시오.
- 피해야할 물질 및 조건에 유의하시오.
- 용기는 환기가 잘 되는 곳에 단단히 밀폐하여 저장하시오.

4. 피해야 할 조건 및 물질

피해야 할 조 건	- 가연성 물질과의 접촉을 피할 것. - 건조한 곳에 보관할 것. - 위험한 가스가 밀폐공간에 축적될 수도 있음. - 상수도 및 하수도에서 떨어진 곳에 둘 것. - 열, 스파크, 화염 등 점화원
피해야 할 물 질	- 산, 가연성 물질, 할로 탄소 화합물, 아민, 염기, 산화제, 금속, 할로겐, 금속염, 금속 산화물, 환원제, 과산화물, 금속 카바이드, 시안화물. - 의류 · 가연성 물질로부터 격리 · 보관하시오. - 가연성 물질과 혼합되지 않도록 조치하시오.

5. 응급조치요령

눈에 들어갔을 때	- 눈에 묻으면 몇 분간 물로 조심해서 씻으시오. - 가능하면 콘택트렌즈를 제거하시고 계속 씻으시오. - 긴급 의료조치를 받으시오.
피부에 접촉했을 때	- 뜨거운 물질인 경우, 열을 없애기 위해 영향을 받은 부위를 다량의 차가운 물에 담그거나 씻어내시오. - 긴급 의료조치를 받으시오. - 오염된 옷과 신발을 제거하고 오염지역을 격리하시오. - 다시 사용 전 오염된 의류는 세척하시오. - 용융물질이 피부에 고착되어 제거할 시 의료인의 도움을 받으시오. - 피부(또는 머리카락)에 묻으면 오염된 모든 의복은 벗거나 제거하시오. - 피부를 물로 씻으시오. - 경미한 피부 접촉 시 오염부위 확산을 방지하시오.
흡입했을 때	- 과량의 먼지 또는 흄에 노출된 경우 깨끗한 공기로 제거하고 기침이나 다른 증상이 있을 경우 의료 조치를 취하시오. - 즉시 의료기관(의사)의 진찰을 받으시오. - 흡입하여 호흡이 어려워지면, 신선한 공기가 있는 곳으로 옮기고 호흡하기 쉬운 자세로 안정을 취하시오.
먹었을 때	- 긴급 의료조치를 받으시오. - 삼켰다면 입을 씻어내시오. 토하게 하려 하지 마시오. - 물질을 먹거나 흡입하였을 경우 구강 대 구강법으로 인공호흡을 하지 말고 적절한 호흡의료장비를 이용하시오.

6. 누출 및 폭발 · 화재 사고시 대처방법

누출	- 엎질러진 것을 즉시 닦아내고, 보호구 항의 예방조치를 따르시오. - 오염 지역을 격리하시오. - 들어갈 필요가 없거나 보호장비를 갖추지 않은 사람은 출입하지 마시오. - 가연성 물질과 누출물을 멀리하시오. - 분진 · 흄 · 가스 · 미스트 · 증기 · 스프레이의 흡입을 피하시오. - 위험하지 않다면 누출을 멈추시오. - 적절한 보호의를 착용하지 않고 파손된 용기나 누출물에 손대지 마시오. - 화재가 없는 누출 시 전면 보호형 증기 보호의를 착용하시오. - 피해야할 물질 및 조건에 유의하시오. - 물분무로 증기를 줄이되 누출물이나 용기에 물이 들어가지 않도록 하시오.

7. 그림문자

8. 유해위험 문구

- 흡입하면 치명적임
- 흡입시 알레르기성 반응, 천식 또는 호흡 곤란을 일으킬 수 있음
- 피부에 심한 화상과 눈에 손상을 일으킴
- 장기적 영향에 의해 수생 생물에게 유해함

9. 법적 규제현황

특수건강진단주기	12개월
작업환경측정주기	6개월
산업안전 보건법	특수건강진단물질 작업환경측정물질 관리대상물질
유해화학물질관리법에 의한 규제	유독물 사고대비물질
위험물안전관리법에 의한 규제	6류 질산

10. 취급시 주의사항

개인보호구 착용	배기설비 가동 / 용기밀폐	금연 화기엄금
밀폐공간에서는 공기공급식 송기 마스크 착용 면 마스크, 일반방진 방독 마스크 착용 금지		

염산 (Hydrochloric Acid) HCl

1. 일반정보

CAS No. :	7647-01-0	KE No. :	KE-20189
물질성상 :	액체	분자량 :	36.46
끓 는 점 :	-85 ℃	녹는점 :	-115 ℃

2. 물질정보

물질명	CAS No.	함유량(%)
염산	7647-01-0	100%

3. 저장방법

- 빈 드럼통은 완전히 배수하고 적절히 막아 즉시 드럼 조절기에 되돌려 놓거나 적절히 배치하시오.
- 용기는 열에 폭로되었을 경우 압력이 발생될 수 있음.
- 음식과 음료수로부터 멀리하시오.
- 피해야할 물질 및 조건에 유의하시오.
- 용기는 환기가 잘 되는 곳에 단단히 밀폐하여 저장하시오.
- 직사광선을 피하고 환기가 잘 되는 곳에 보관하시오.

4. 피해야 할 조건 및 물질

피해야 할 조건	- 이 물질과 접촉을 최소화할 것. - 물질자체 또는 연소 생성물의 흡입을 피할 것. - 용기가 열에 노출되면 파열되거나 폭발할 수도 있음.
피해야 할 물질	- 산, 가연성 물질, 할로 탄소 화합물, 아민, 염기, 산화제, 금속, 할로겐, 금속염, 금속 산화물, 환원제, 과산화물, 금속 카바이드, 시안화물. - 의류·가연성 물질로부터 격리·보관하시오. - 가연성 물질과 혼합되지 않도록 조치하시오.

5. 응급조치요령

눈에 들어갔을 때	- 눈에 묻으면 몇 분간 물로 조심해서 씻으시오. - 가능하면 콘택트렌즈를 제거하시오. 계속 씻으시오. - 긴급 의료조치를 받으시오.
피부에 접촉했을 때	- 뜨거운 물질인 경우, 열을 없애기 위해 영향을 받은 부위를 다량의 차가운 물에 담그거나 씻어내시오. - 긴급 의료조치를 받으시오. - 오염된 옷과 신발을 제거하고 오염지역을 격리하시오. - 다시 사용 전 오염된 의류는 세척하시오. - 가스 또는 액화 가스와 접촉 시 화상, 심각한 상해, 동상을 유발할 수 있음. - 피부(또는 머리카락)에 묻으면 오염된 모든 의복은 벗거나 제거하시오. - 피부를 물로 씻으시오/샤워하시오. - 액화가스에 접촉한 경우 미지근한 물로 해당 부위를 녹이시오.
흡입했을 때	- 즉시 의료기관(의사)의 진찰을 받으시오. - 과량의 먼지 또는 흄에 노출된 경우 깨끗한 공기로 제거하고 기침이나 다른 증상이 있을 경우 의료 조치를 취하시오.
먹었을 때	- 물질을 먹거나 흡입하였을 경우 구강 대 구강법으로 인공호흡을 하지 말고 적절한 호흡의료장비를 이용하시오. - 삼켰다면 입을 씻어내시고 토하게 하려 하지 마시오. - 삼켰다면 즉시 의료기관(의사)의 도움을 받으시오.

6. 누출 및 폭발·화재 사고시 대처방법

누출	- 분진·흄·가스·미스트·증기·스프레이의 흡입을 피하시오. - 엎질러진 것을 즉시 닦아내고, 보호구 항의 예방조치를 따르시오. - 가능하다면 누출용기를 돌려 액체보다는 가스로 방출되도록하시오. - 가스가 완전히 흩어질 때까지 오염지역을 격리하시오. - 피해야할 물질 및 조건에 유의하시오. - 누출원에 직접주수하지 마시오. - 물분무를 이용하여 증기를 줄이거나 증기구름을 흩어트리고 물이 누출물과 접촉되지 않도록 하시오. - 위험하지 않다면 누출을 멈추시오. - 화재가 없는 누출 시 전면 보호형 증기 보호의를 착용하시오. - 노출물을 만지거나 걸어다니지 마시오.

7. 그림문자

8. 유해위험 문구

- 피부에 심한 화상과 눈에 손상을 일으킴
- 눈에 심한 손상을 일으킴
- 수생생물에 매우 유독함
- 삼키면 유독함
- 흡입하면 유독함
- 고압가스 포함 ; 가열하면 폭발할 수 있음

9. 법적 규제현황

특수건강진단주기	12개월
작업환경측정주기	6개월
산업안전 보건법	특수건강진단물질 작업환경측정물질 관리대상물질
유해화학물질관리법에 의한 규제	유독물 사고대비물질

10. 취급시 주의사항

개인보호구 착용	배기설비 가동 / 용기밀폐	금연 화기엄금
밀폐공간에서는 공기공급식 송기 마스크 착용 면 마스크, 일반방진 방독 마스크 착용 금지		

수산화나트륨(Sodium Hydroxide) NaOH

1. 일반정보

CAS No. :	1310-73-2	KE No. :	KE-31487
물질성상 :	고체	분자량 :	40
끓 는 점 :	1388 ℃	녹는점 :	323 ℃

2. 물질정보

물질명	CAS_No.	함유량(%)
수산화나트륨	1310-73-2	100%

3. 저장방법

- 빈 드럼통은 완전히 배수하고 적절히 막아 즉시 드럼 조절기에 되돌려 놓거나 적절히 배치하시오.
- 피해야할 물질 및 조건에 유의하시오.
- 밀봉하여 저장하시오.

4. 피해야 할 조건 및 물질

피해야 할 조 건	- 열, 화염, 스파크 및 기타 점화원을 피할 것. - 위험한 가스가 밀폐공간에 축적될 수도 있음. - 가연성 물질과 접촉하면 발화되거나 폭발할 수도 있음.
피해야 할 물 질	가연성 물질, 산, 할로 탄소 화합물, 금속, 할로겐, 산화제, 과산화물, 금속염, 플라스틱, 고무, 가연성 물질, 환원성 물질

5. 응급조치요령

눈에 들어갔을 때	- 눈에 대한 자극이 지속되면 의학적인 조언 및 주의를 받으시오. - 눈에 묻으면 몇 분간 물로 조심해서 씻으시오. - 가능하면 콘택트렌즈를 제거하시오. 계속 씻으시오.
피부에 접촉했을 때	- 뜨거운 물질인 경우, 열을 없애기 위해 영향을 받은 부위를 다량의 차가운 물에 담그거나 씻어내시오. - 긴급 의료조치를 받으시오. - 오염된 옷과 신발을 제거하고 오염지역을 격리하시오. - 다시 사용 전 오염된 의류는 세척하시오. - 피부(또는 머리카락)에 묻으면 오염된 모든 의복은 벗거나 제거하시오. - 피부를 물로 씻으시오/샤워하시오. - 불편함을 느끼면 의료기관(의사)의 진찰을 받으시오. - 경미한 피부 접촉 시 오염부위 확산을 방지하시오.
흡입했을 때	즉시 의료기관(의사)의 진찰을 받으시오.
먹었을 때	- 긴급 의료조치를 받으시오. - 삼켰다면 입을 씻어내시고 토하게 하려 하지 마시오. - 물질을 먹거나 흡입하였을 경우 구강 대 구강법으로 인공호흡을 하지 말고 적절한 호흡의료장비를 이용하시오.

6. 누출 및 폭발·화재 사고시 대처방법

누출	- 엎질러진 것을 즉시 닦아내고, 보호구 항의 예방조치를 따르시오. - 모든 점화원을 제거하시오. - 피해야할 물질 및 조건에 유의하시오. - 적절한 보호의를 착용하지 않고 파손된 용기나 누출물에 손대지 마시오. - 용기에 물이 들어가지 않도록 하시오. - 위험하지 않다면 누출을 멈추시오.

7. 그림문자

8. 유해위험 문구

- 눈에 심한 자극을 일으킴
- 피부에 심한 화상과 눈에 손상을 일으킴
- 피부와 접촉하면 유해함

9. 법적 규제현황

작업환경측정주기	6개월
산업안전 보건법	특수건강진단물질 작업환경측정물질 관리대상물질
유해화학물질관리법에 의한 규제	유독물

10. 취급시 주의사항

개인보호구 착용	배기설비 가동 / 용기밀폐	금연 화기엄금
밀폐공간에서는 공기공급식 송기 마스크 착용 면 마스크, 일반방진 방독 마스크 착용 금지		

에틸알코올(Ethyl Alcohol) C_2H_5OH

1. 일반정보

CAS No. :	64-17-5	KE No. :	KE-13217
물질성상 :	액체	분 자 량 :	46.1
끓 는 점 :	79 ℃	녹 는 점 :	-117 ℃
인 화 점 :	13 ℃	주요용도 :	용제,술(음료),유기합성

2. 물질정보

물질명	CAS_No.	함유량(%)
에틸 알코올	64-17-5	100%

3. 저장방법

- 빈 드럼통은 완전히 배수하고 적절히 막아 즉시 드럼 조절기에 되돌려 놓거나 적절히 배치하시오.
- 음식과 음료수로부터 멀리하시오.
- 피해야할 물질 및 조건에 유의하시오.
- 열·스파크·화염·고열로부터 멀리하시오 - 금연
- 용기를 단단히 밀폐하시오.
- 환기가 잘 되는 곳에 보관하고 저온으로 유지하시오.

4. 피해야 할 조건 및 물질

피해야 할 조건	- 열, 화염, 스파크, 기타 점화원과 접촉을 피하시오. - 용기가 열에 노출되면 파열되거나 폭발할 수도 있음. - 열·스파크·화염·고열로부터 멀리하시오 - 금연
피해야 할 물질	가연성 물질, 금속염, 산화제, 할로 탄소 화합물, 할로겐, 염기, 산, 금속 산화물, 과산화물, 금속

5. 응급조치요령

눈에 들어갔을 때	- 물질과 접촉시 즉시 20분 이상 흐르는 물에 피부와 눈을 씻어내시오. - 긴급 의료조치를 받으시오.
피부에 접촉했을 때	- 긴급 의료조치를 받으시오. - 오염된 옷과 신발을 제거하고 오염지역을 격리하시오. - 피부(또는 머리카락)에 묻으면 오염된 모든 의복은 벗거나 제거하시오. - 피부를 물로 씻으시오/샤워하시오. - 비누와 물로 피부를 씻으시오. - 화상의 경우 즉시 찬물로 가능한 오래 해당부위를 식히고, 피부에 들러붙은 옷은 제거하지 마시오.
흡입했을 때	- 신선한 공기가 있는 곳으로 옮기시오. - 긴급 의료조치를 받으시오. - 따뜻하게 하고 안정되게 해주시오. - 호흡이 힘들 경우 산소를 공급하시오. - 호흡하지 않는 경우 인공호흡을 실시하시오.
먹었을 때	- 입을 씻어내시오. - 삼켜서 불편함을 느끼면 의료기관(의사)의 도움을 받으시오.

6. 누출 및 폭발·화재 사고시 대처방법

누출	- 매우 미세한 입자는 화재나 폭발을 일으킬 수 있으므로 모든 점화원을 제거하시오. - 엎질러진 것을 즉시 닦아내고, 보호구 항의 예방조치를 따르시오. - 노출물을 만지거나 걸어다니지 마시오. - 피해야할 물질 및 조건에 유의하시오. - 물질 취급시 모든 장비를 반드시 접지하시오. - 위험하지 않다면 누출을 멈추시오. - 증기발생을 줄이기 위해 증기억제포말을 사용할 수 있음 - 모든 점화원을 제거하시오.

7. 그림문자

8. 유해위험 문구

- 삼키면 유해함
- 고인화성 액체 및 증기

9. 법적 규제현황

위험물안전관리법에 의한 규제	4류 알코올류

10. 취급시 주의사항

개인보호구 착용	배기설비 가동 / 용기밀폐	금연 화기엄금
밀폐공간에서는 공기공급식 송기 마스크 착용 면 마스크, 일반방진 방독 마스크 착용 금지		

메틸알코올(Methyl Alcohol) CH_3OH

1. 일반정보

CAS No. :	67-56-1	KE No.:	KE-23193
물질성상 :	액체	분자량 :	32.04
끓 는 점 :	64 ~ 65℃	녹는점 :	-98 ℃

2. 물질정보

물질명	CAS No.	함유량(%)
메틸 알코올	67-56-1	100%

3. 저장방법

- 빈 드럼통은 완전히 배수하고 적절히 막아 즉시 드럼 조절기에 되돌려 놓거나 적절히 배치하시오.
- 음식과 음료수로부터 멀리하시오.
- 피해야할 물질 및 조건에 유의하시오.
- 열·스파크·화염·고열로부터 멀리하시오. – 금연
- 용기를 단단히 밀폐하시오.
- 환기가 잘 되는 곳에 보관하고 저온으로 유지하시오.

4. 피해야 할 조건 및 물질

피해야 할 조 건	- 열, 화염, 스파크 및 기타 점화원을 피할 것. - 이 물질과 접촉을 최소화할 것. - 물질자체 또는 연소 생성물의 흡입을 피할 것. - 상수도 및 하수도에서 떨어진 곳에 둘 것. - 열·스파크·화염·고열로부터 멀리하시오. – 금연
피해야 할 물 질	- 할로 탄소 화합물, 가연성 물질, 금속, 산화제, 할로겐, 금속 카바이드, 염기, 산, 아민

5. 응급조치요령

눈에 들어갔을 때	- 물질과 접촉시 즉시 20분 이상 흐르는 물에 피부와 눈을 씻어내시오. - 긴급 의료조치를 받으시오.
피부에 접촉했을 때	- 긴급 의료조치를 받으시오. - 오염된 옷과 신발을 제거하고 오염지역을 격리하시오. - 피부(또는 머리카락)에 묻으면 오염된 모든 의복은 벗거나 제거하시오. - 피부를 물로 씻으시오/샤워하시오. - 비누와 물로 피부를 씻으시오. - 화상의 경우 즉시 찬물로 가능한 오래 해당부위를 식히고, 피부에 들러붙은 옷은 제거하지 마시오.
흡입했을 때	- 긴급 의료조치를 받으시오. - 신선한 공기가 있는 곳으로 옮기시오.
먹었을 때	- 물질을 먹거나 흡입하였을 경우 구강 대 구강법으로 인공호흡을 하지 말고 적절한 호흡의료장비를 이용하시오. - 입을 씻어내시오. - 삼켜서 불편함을 느끼면 의료기관(의사)의 도움을 받으시오.

6. 누출 및 폭발·화재 사고시 대처방법

누출	- 매우 미세한 입자는 화재나 폭발을 일으킬 수 있으므로 모든 점화원을 제거하시오. - 엎질러진 것을 즉시 닦아내고, 보호구 항의 예방조치를 따르시오. - 노출물을 만지거나 걸어다니지 마시오. - 모든 점화원을 제거하시오. - 피해야할 물질 및 조건에 유의하시오. - 위험하지 않다면 누출을 멈추시오. - 증기발생을 줄이기 위해 증기억제포말을 사용할 수 있음 - 화재가 없는 누출시 전면보호형 증기 보호의를 착용하시오. - 물질 취급시 모든 장비를 반드시 접지하시오.

7. 그림문자

8. 유해위험 문구

- 삼키면 유해함
- 고인화성 액체 및 증기

9. 법적 규제현황

특수건강진단주기	12개월
작업환경측정주기	6개월
산업안전 보건법	특수건강진단물질 작업환경측정물질 관리대상물질
유해화학물질관리법에 의한 규제	유독물 사고대비물질
위험물안전관리법에 의한 규제	4류 알코올류

10. 취급시 주의사항

개인보호구 착용	배기설비 가동 / 용기밀폐	금연 화기엄금
밀폐공간에서는 공기공급식 송기 마스크 착용 면 마스크, 일반방진 방독 마스크 착용 금지		

과산화수소 (Hydrogen Peroxide) H_2O_2

1. 일반정보

CAS No. :	7722-84-1	KE No.:	KE-20204
물질성상 :	액체	분자량 :	34
끓 는 점 :	141 ℃	녹는점 :	-11 ℃

2. 물질정보

물질명	CAS_No.	함유량(%)
과산화 수소	7722-84-1	100%

3. 저장방법

- 빈 드럼통은 완전히 배수하고 적절히 막아 즉시 드럼 조절기에 되돌려 놓거나 적절히 배치하시오.
- 음식과 음료수로부터 멀리하시오.
- 피해야할 물질 및 조건에 유의하시오.
- 열·스파크·화염·고열로부터 멀리하시오. – 금연
- 의류 ·가연성 물질로부터 격리·보관하시오.
- 용기는 환기가 잘 되는 곳에 단단히 밀폐하여 저장하시오.

4. 피해야 할 조건 및 물질

피해야 할 조 건	- 가연성 물질과의 접촉을 피할 것. - 가연성 물질과 접촉하면 발화되거나 폭발할 수도 있음. - 위험한 가스가 밀폐공간에 축적될 수도 있음. - 용기가 열에 노출되면 파열되거나 폭발할 수도 있음. - 마찰 또는 오염을 피할 것. - 상수도 및 하수도에서 떨어진 곳에 둘 것. - 열·스파크·화염·고열로부터 멀리하시오. – 금연 - 마찰, 열, 오염
피해야 할 물 질	- 가연성 물질, 산, 염기, 금속 산화물, 금속염, 산화제, 금속, 환원제, 유기물 - 의류 ·가연성 물질로부터 격리·보관하시오. - 가연성 물질과 혼합되지 않도록 조치하시오. - 가연성 물질(나무, 종이, 기름, 의류 등)

5. 응급조치요령

눈에 들어갔을 때	- 눈에 묻으면 몇 분간 물로 조심해서 씻으시오. - 가능하면 콘택트렌즈를 제거하시오. 계속 씻으시오. - 긴급 의료조치를 받으시오.
피부에 접촉했을 때	- 뜨거운 물질인 경우, 열을 없애기 위해 영향을 받은 부위를 다량의 차가운 물에 담그거나 씻어내시오. - 긴급 의료조치를 받으시오. - 오염된 옷과 신발을 제거하고 오염지역을 격리하시오. - 다시 사용전 오염된 의류는 세척하시오. - 의류에 묻으면 의류를 벗기 전에 오염된 의류 및 피부를 다량의 물로 즉시 씻어내시오. - 불편함을 느끼면 의료기관(의사)의 진찰을 받으시오. - 오염된 옷은 건조시 화재 위험이 있음
흡입했을 때	- 과량의 먼지 또는 흄에 노출된 경우 깨끗한 공기로 제거하고 기침이나 다른 증상이 있을 경우 의료 조치를 취하시오. - 즉시 의료기관(의사)의 진찰을 받으시오. - 호흡이 힘들 경우 산소를 공급하시오. - 호흡하지 않는 경우 인공호흡을 실시하시오.
먹었을 때	- 노출 또는 접촉이 우려되면 의학적인 조언·주의를 받으시오. - 삼켰다면 입을 씻어내시오. 토하게 하려 하지 마시오.

6. 누출 및 폭발·화재 사고시 대처방법

누출	- 매우 미세한 입자는 화재나 폭발을 일으킬 수 있으므로 모든 점화원을 제거하시오. - 엎질러진 것을 즉시 닦아내고, 보호구 항의 예방조치를 따르시오. - 오염 지역을 격리하시오. - 들어갈 필요가 없거나 보호장비를 갖추지 않은 사람은 출입하지 마시오. - 가연성 물질과 누출물을 멀리하시오. - 방화복·방염복을 입으시오. - 전문가의 감독없이 청소 및 처리를 하지 마시오. - 물분무를 이용하여 증기를 줄이거나 증기구름을 흩어트리시오. - 피해야할 물질 및 조건에 유의하시오. - 분진·흄·가스·미스트·증기·스프레이의 흡입을 피하시오. - 적절한 보호의를 착용하지 않고 파손된 용기나 누출물에 손대지 마시오.

7. 그림문자

8. 유해위험 문구

- 흡입하면 치명적임
- 암을 일으킬 것으로 의심됨
- 피부에 심한 화상과 눈에 손상을 일으킴
- 눈에 심한 손상을 일으킴
- 호흡기계 자극을 일으킬 수 있음
- 삼키면 유해함
- 화재 또는 폭발을 일으킬 수 있음 ; 강산화제

9. 법적 규제현황

작업환경측정주기	6개월
산업안전 보건법	작업환경측정물질 관리대상물질
유해화학물질관리법에 의한 규제	유독물
위험물안전관리법에 의한 규제	6류 과산화수소

10. 취급시 주의사항

개인보호구 착용	배기설비 가동 / 용기밀폐	금연 화기엄금
밀폐공간에서는 공기공급식 송기 마스크 착용 면 마스크, 일반방진 방독 마스크 착용 금지		

위험물 취급시 안전조치

출처 : 한국산업안전보건공단 위험물 취급시 안전조치

종류	특 성	예
가연성가스	가연성 가스는 공기와 함께 폭발성 혼합기체를 형성하여 전기 스파크 등에 의해 쉽게 화재·폭발을 일으킬 수 있는 물질이므로 화기, 충격, 마찰, 전기설비, 정전기 등을 피하고 통풍이 잘되는 차가운 장소에 보관한다.	 
발화성물질	발화성물질은 물과 접촉하여 발화하거나 스스로 쉽게 발화하여 가연성가스를 발생시키는 위험물이므로 물이나 산화촉진제와의 접촉을 피하고 온도가 상승하지 않도록 화기로부터 멀리 보관한다.	 
부식성물질	부식성물질은 금속 등을 쉽게 부식시키고 사람의 몸에 접촉하면 심한 화상을 입히는 위험물질이므로 취급시에는 반드시 보호구를 착용하고 작업을 실시한다.	 
산화성물질	산화성물질은 산화력이 강하여 가열, 충격 등에 매우 격렬하게 반응을 일으키는 위험물이므로 마찰, 가열, 충격 등을 피하고 환원성물질이나 유기물질과 접촉되지 않도록 관리해야한다.	 
인화성물질	인화성물질은 인화점이 65℃이하인 가연성 액체로 쉽게 발화되면서 가연성 증기를 발생시켜 화재, 폭발을 일으킬 수 있는 물질이므로 화기나 열원으로부터 멀리하고 통풍이 잘되는 차가운 장소에 뚜껑을 닫아 보관한다.	 
폭발성물질	폭발성물질은 산소나 산화제가 없는 상태에서도 충격 등에 의해 폭발 할 수 있는 위험한 물질이므로 가열, 마찰, 충격을 피하고 화기에 접근 시키지 않도록 특별히 유의해야 한다.	 

5. 실험·실습실에서 사용되는 기본기구

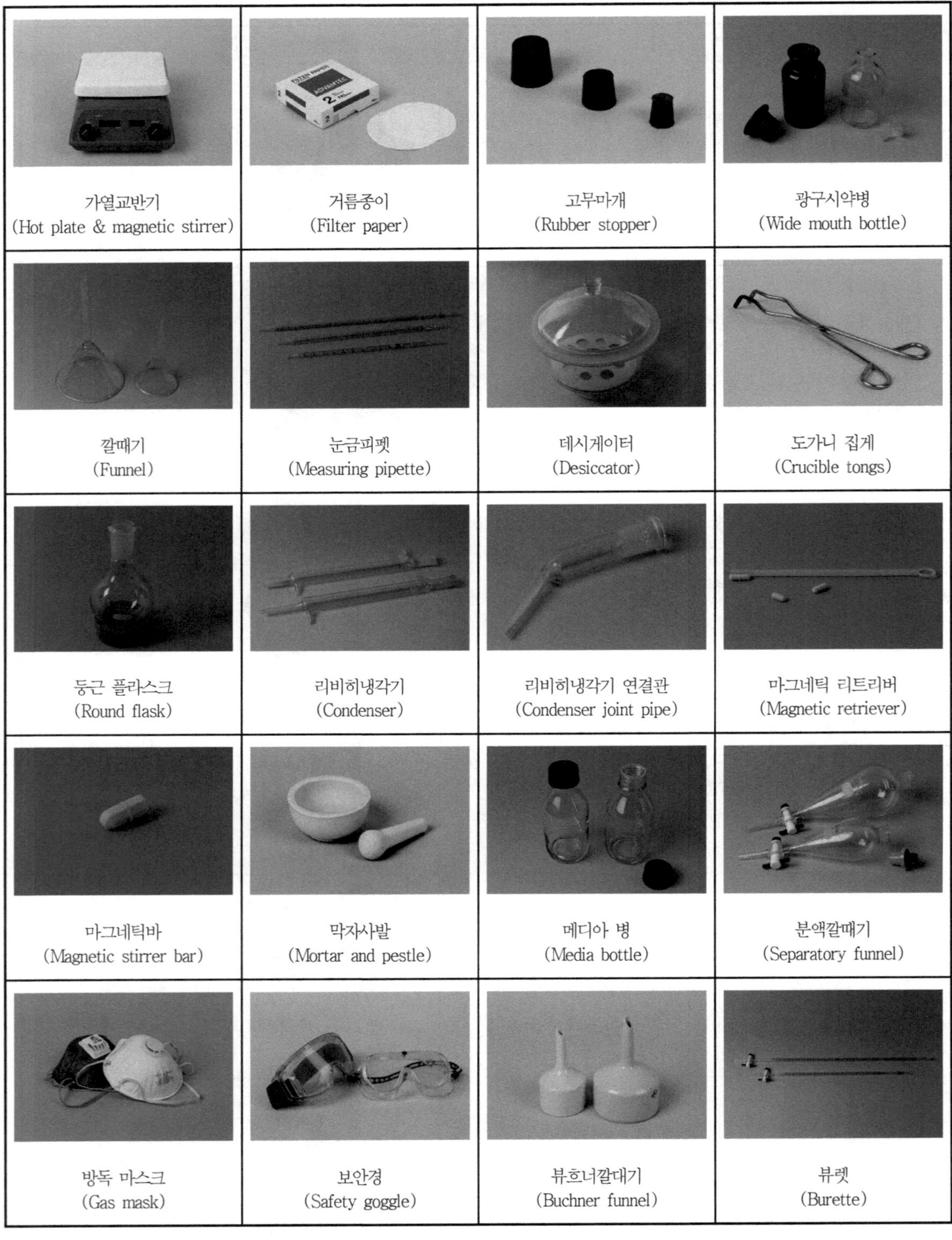

가열교반기 (Hot plate & magnetic stirrer)	거름종이 (Filter paper)	고무마개 (Rubber stopper)	광구시약병 (Wide mouth bottle)
깔때기 (Funnel)	눈금피펫 (Measuring pipette)	데시게이터 (Desiccator)	도가니 집게 (Crucible tongs)
둥근 플라스크 (Round flask)	리비히냉각기 (Condenser)	리비히냉각기 연결관 (Condenser joint pipe)	마그네틱 리트리버 (Magnetic retriever)
마그네틱바 (Magnetic stirrer bar)	막자사발 (Mortar and pestle)	메디아 병 (Media bottle)	분액깔때기 (Separatory funnel)
방독 마스크 (Gas mask)	보안경 (Safety goggle)	뷰흐너깔대기 (Buchner funnel)	뷰렛 (Burette)

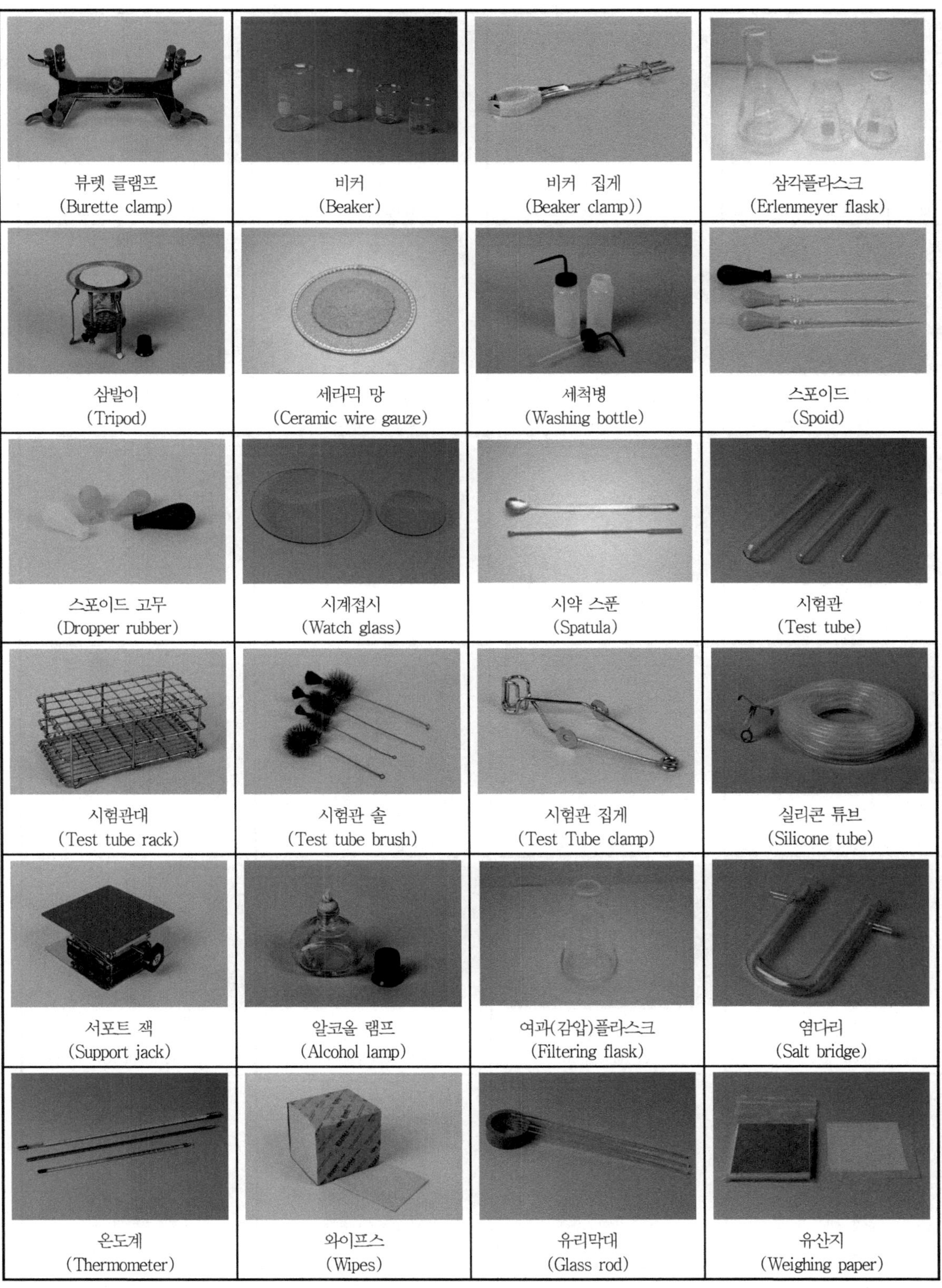

뷰렛 클램프 (Burette clamp)	비커 (Beaker)	비커 집게 (Beaker clamp))	삼각플라스크 (Erlenmeyer flask)
삼발이 (Tripod)	세라믹 망 (Ceramic wire gauze)	세척병 (Washing bottle)	스포이드 (Spoid)
스포이드 고무 (Dropper rubber)	시계접시 (Watch glass)	시약 스푼 (Spatula)	시험관 (Test tube)
시험관대 (Test tube rack)	시험관 솔 (Test tube brush)	시험관 집게 (Test Tube clamp)	실리콘 튜브 (Silicone tube)
서포트 잭 (Support jack)	알코올 램프 (Alcohol lamp)	여과(감압)플라스크 (Filtering flask)	염다리 (Salt bridge)
온도계 (Thermometer)	와이프스 (Wipes)	유리막대 (Glass rod)	유산지 (Weighing paper)

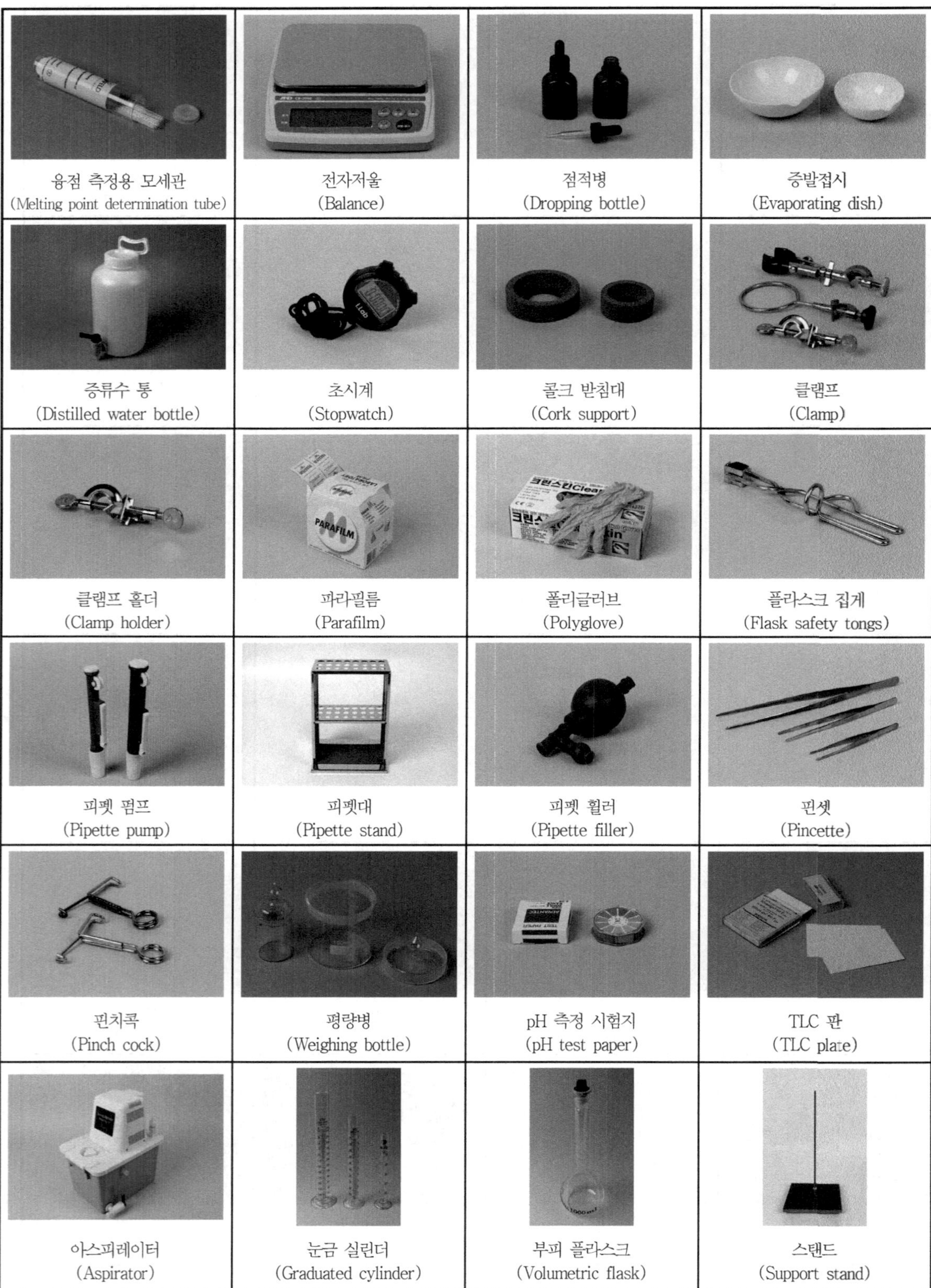

융점 측정용 모세관 (Melting point determination tube)	전자저울 (Balance)	점적병 (Dropping bottle)	증발접시 (Evaporating dish)
증류수 통 (Distilled water bottle)	초시계 (Stopwatch)	콜크 받침대 (Cork support)	클램프 (Clamp)
클램프 홀더 (Clamp holder)	파라필름 (Parafilm)	폴리글러브 (Polyglove)	플라스크 집게 (Flask safety tongs)
피펫 펌프 (Pipette pump)	피펫대 (Pipette stand)	피펫 휠러 (Pipette filler)	핀셋 (Pincette)
핀치콕 (Pinch cock)	평량병 (Weighing bottle)	pH 측정 시험지 (pH test paper)	TLC 판 (TLC plate)
아스피레이터 (Aspirator)	눈금 실린더 (Graduated cylinder)	부피 플라스크 (Volumetric flask)	스탠드 (Support stand)

6. 기초실험 조작법

6.1 저울 사용법

실험실에서 정량적인 실험을 할 때 반드시 주어진 시료의 무게를 저울로 정확히 측정하여 사용해야 한다. 그러므로 평소에 저울로 시료의 무게를 측정하는 법과 저울의 완전한 조작 능력을 숙달해야 한다.

질량(mass)과 무게(weight)라는 용어는 가끔 혼용되기도 하지만 엄밀히 따지면 같은 의미가 아니다. 한 물체의 질량은 항상 일정하지만 무게는 지구중력과 관계가 되기 때문에 위치에 따라서 조금씩 달라질 수 있다. 그러나 실제 실험에서는 큰 문제가 되지 않으므로 질량과 무게라는 용어를 구별하지 않아도 된다.

저울의 선택은 측정정밀도에 의해서 결정되는데 보통 0.1 g 단위의 측정에는 어림저울 즉 삼중대저울(triple beam balance)등이 사용되며 그 이상의 정밀도가 필요할 때는 홑접시저울(single pan balance) 혹은 전자상평저울(electronic top loading balance)을 사용해야한다. 이들 저울들은 1~0.1 mg까지 정확한 측정이 가능하며 다루기가 간편하기 때문에 요즘 많이 사용된다.

6.1.1 삼중대 저울 사용법

삼중대 저울은 시료를 올려놓는 접시와 세 개의 저울대로 구성되어 있고, 저울대는 적당한 보조대에 얹혀 있어 접시와 저울대가 시소(see-saw)처럼 좌우로 자유롭게 움직일 수 있도록 되어 있다. 보통 저울대의 빔(beam)은 0.1 g 단위 ~1 g까지, 1 g 단위 ~10 g까지, 10 g 단위 ~100 g까지로 각각 눈금이 매겨져 있기 때문에 0.1 g~111 g까지 측정할 수 있다(그림 6.1).

삼중대 저울 사용법은 시료를 접시 위에 올려놓고 저울대가 접시 위의 물체와 정확히 균형을 이룰 때까지(저울대 끝의 지침이 눈금 중앙선을 중심으로 상하 물체와 정확히 균형을 이룰 때까지) 추를 저울대의 적당한 위치에 옮겨놓는다. 1 g단위, 10 g단위의 비임에는 추가 꼭 맞게 되어있는 홈이 있고 0.1 g단위의 비임에는 이러한 홈이 없어 눈금에 따라 추를 어디든지 옮겨 놓을 수 있게 되어 있다.

무게를 다는 예를 하나 들어보자.

① 먼저 시료를 접시 위에 올려놓고 그릇의 무게를 추산한다.

② 시료의 정확한 무게가 14.52 g이라고 가정하고 무게를 15 g이라 추산했다면 먼저 저울

대의 10 g 단위의 빔의 10 g 홈에 추를 이동시킨다. 이때 저울대는 내려가지 않을 것이고 다시 추를 20 g 홈에 이동시키면 저울대는 내려가서 그대로 있을 것이다.

③ 다시 추를 10 g 홈으로 이동시키고 이번에는 1 g 단위의 빔에서 추를 5 g 홈에 옮겨 놓으면 저울대는 다시 내려가고 아마 위 아래로 진동할 것이다.

④ 다시 추를 4 g 홈에 놓고 0.1 g 단위의 빔 위에서 추를 조정하여 지침이 눈금의 중앙선에서 위 아래로 같은 눈금만큼 움직이도록 한다. 이때 저울대 위에 이동된 추가 가리키는 눈금을 합하면 물체의 무게가 되며, 읽을 때 저울대와 지침이 완전히 정지할 때까지 기다릴 필요는 없다.

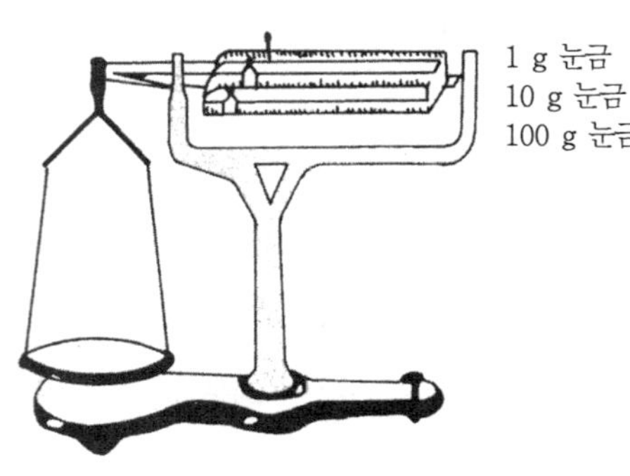

| 그림 6.1 | 삼중대저울

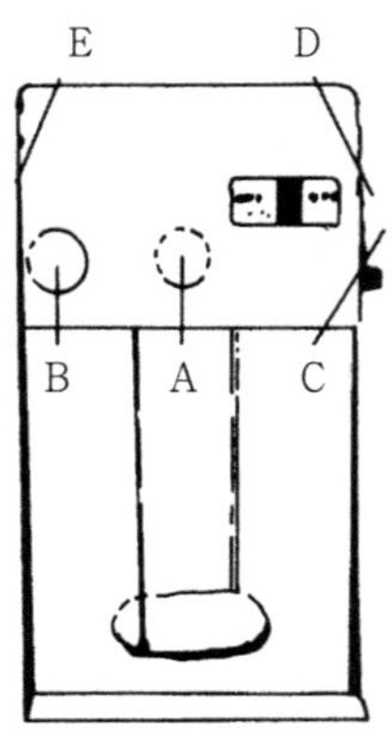

| 그림 6.2 | 홑접시저울(Sartorius 2842)

6.1.2 홑접시 저울

이 저울은 저울장치 안에 모든 추가 들어 있어 다이얼을 돌림으로써 추가 자동적으로 가해지거나 감해지게 되어 있다. 같은 홑접시 저울이라도 제작회사마다 형태와 사용법이 조금씩 다르므로 사용하기 전에 반드시 지침서를 읽어보아야 한다. 여기서는 Sartorius 2842 저울의 사용법에 대하여 설명하기로 한다.

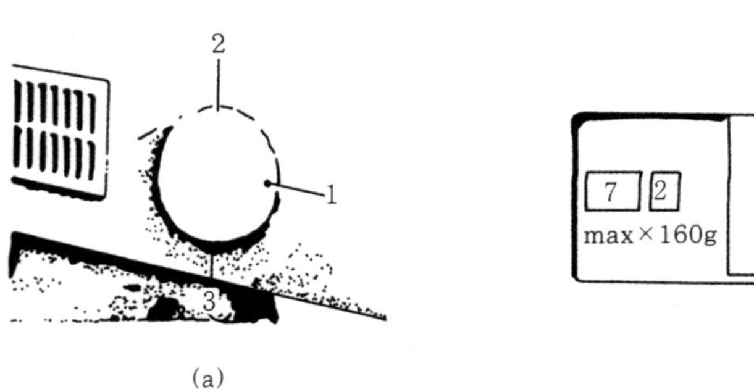

| 그림 6.3 |

1) 영점조정

① 저울의 접시를 먼지 털이로 잘 털어 내고 저울 문을 닫는다.

② 추를 가하는 다이얼을 모두 0에 맞춘다.

③ 그림 6.3(a)의 고정손잡이 E를 3 위치에 돌려 저울대를 완전히 풀어놓은 다음 형광 눈금판을 보면서 영점조절 손잡이를 돌려 지침이 0 눈금을 가리키도록 한다.

④ 고정손잡이 E를 다시 원래의 위치로 돌려놓아 저울을 고정시킨다.

2) 무게 측정

① 위와 같은 방법으로 영점을 조정한다.

② 핀셋이나 클램프 또는 집게를 사용하여 시료를 접시 위에 놓고 저울 문을 닫는다.

③ 고정손잡이 E를 2 위치로 돌려놓으면 형광 눈금판에 불이 들어오고 시료의 대략의 무게를 지침이 가리킨다. 지침 바로 밑의 숫자를 읽어둔다.

④ 이 숫자가 숫자판에 나타나도록 추를 가하는 다이얼 A, B를 돌린다.

⑤ 고정손잡이를 3 위치에 돌려놓아 저울대를 완전히 풀어놓고 형광 눈금판이 멈추면 마이크로미터 다이얼 C를 돌려 지침이 형광 눈금판의 한 눈금 위를 정확히 가리키도록 한다.

⑥ 고정손잡이를 1 위치에 돌려놓아 저울대를 고정시키고 그림 6.3(B)에서와 같이 무게를 기록한다.

⑦ 저울에서 시료를 꺼내고 저울 문을 닫은 다음 추를 가하는 다이얼을 모두 0에 맞춘다.

6.1.3 전자상평저울

요즘 가장 많이 사용하는 저울로, 전자식으로 무게를 자동으로 측정하는 편리한 방식이다[그림 6.4].

| 그림 6.4 | 전자상평저울

① 저울의 수평을 맞추고, 전원 버튼을 눌러 켠다.

② 영점조정 버튼(zero, re-zero 또는 tare)을 눌러 영점을 맞춘다.

③ 무게를 측정하려는 물질을 올려놓으면 무게가 표시된다.

④ 용기나 유산지를 이용해 시료를 담고자 할 때에는 용기나 유산지를 올려놓고 영점 버튼을 누르면 그 상태에서 영점이 조정되어 0으로 표시된다.

6.1.4 저울 사용 시 주의사항

① 저울은 부식성 기체가 새어 들어오지 않고 직사광선이 들지 않는 건조한 방에 놓아야 하며, 올려놓는 대는 진동이 없는 콘크리트 대가 바람직하다.

② 저울접시는 사용 전과 후에 반드시 먼지 털이로 오물을 제거한다.

③ 화학약품을 저울접시에 직접 올려놓아서는 안 된다. 반드시 비커 시계접시 또는 시약 종이에 담아서 달아야 한다.

④ 저울추는 반드시 핀셋으로 올려놓고 사용 후엔 추를 보관하는 상자에 다시 넣어둔다(화학저울 사용 시).

⑤ 시료가 뜨거운 상태에서는 절대로 달아서는 안 된다. 공기의 대류나 저울 내의 균일한 팽창이 오차의 원인이 되기 때문이다.

6.2 안전 피펫 충전기(safe pipette filler) 사용법

실험에서는 흔히 수용액이나 용매를 정확하게 피펫으로 취해서 사용할 경우가 많다. 피펫을 이용하여 용액을 취할 때 입으로 빠는 방법은 대단히 위험하며, 안전 피펫 충전기를 사용해야 한다.

| 그림 6.5 | 안전 피펫 충전기

안전 피펫 충전기는 다음과 같은 순서로 사용한다.

① "A" 부분을 엄지와 집게손가락으로 누른 다음 다른 손으로 큰 공을 꽉 쥐어 내부 공기를 밖으로 빼낸다. 큰 공이 압축된 것을 확인한 후 "A" 밸브를 풀어 놓는다.
② 피펫 충전기의 "A"의 반대쪽("S"의 아래쪽)에 피펫을 끼운다.
③ 피펫을 액체가 들어있는 용기에 넣은 다음, "S" 부분을 엄지와 집게손가락으로 눌러 용액을 원하는 양만큼 정확히 빨아올린다.
④ 뽑아 올린 용액을 다른 용기에 옮길 때에는 "E" 부분을 눌러 용액이 흘러내리게 한다.
⑤ 손가락으로 "E"의 입구를 막고 공 부분을 쥐어 누르면 피펫에 남아있는 마지막 한 방울의 용액이 빠져나오게 된다.

6.3 pH 미터의 사용법

pH 미터는 전극을 사용하여 전기적으로 pH를 측정하는 장치로서, 수용액은 물론 비수용액 및 착색된 용액 등에 대해서도 pH를 측정할 수 있다.

pH 미터의 전극은 기준전극(reference electrode, 일반적으로 포화칼로멜 전극을 사용)과 지시전극(indicator electrode, 일반적으로 유리전극을 사용)으로 구성된다. 이 두 전극을 용액 속에 넣었을 때 이들 두 전극 사이에 전위차로 인한 전류가 흐르며, 이 전류를 증폭시켜 전류계(ampere meter)로 측정한다. 전류의 세기는 용액의 pH와 정비례하도록 고안되어 있다.

기준전극으로 표준수소전극을 사용할 때 유리전극의 기전력은 Nernst 식에 따라 다음과 같이 나타낼 수 있다.

$$E = 0.0592 \log \frac{1}{[H_3O^+]} (25℃ \text{ 에서})$$

그러므로 pH는 다음과 같다.

$$pH = \log \frac{1}{[H_3O^+]} = \frac{E}{0.0592}$$

만약 기준전극을 표준수소전극 대신에 포화칼로멜전극($E^{o} = 0.336\ V$)를 사용한다면 pH는 다음 식으로 나타낼 수 있다.

$$pH = \frac{E - E_o}{0.0592}$$

여기서 E는 용액의 [H_3O^+] 농도에 따라 변하는 유일한 변수이다. 즉 pH 측정은 기준 전극과 지시전극을 화학적으로 연결한 전지의 두 전극 사이의 기전력차(전위차)를 구하면 된다. 현재 시판되고 있는 pH 미터는 바늘의 눈금이 pH 단위로 표시되어 있으므로 용액의 pH 값을 직접 읽을 수 있다.

| 그림 6.6 | pH미터

pH를 측정하는 일반적인 순서는 다음과 같다.

① 동력스위치(power switch)를 켜서 10분 이상 예열한다.

② pH 미터의 유리 전극은 측정하기 5 시간 전에 증류수에 담가두어 활성화시킨다.

③ 씻기병 안에 들어있는 증류수로 전극을 씻은 다음, 전극에 흡수성 종이를 가볍게 대어 물기를 제거한다(이때 종이로 전극을 문지르지 않도록 조심).

④ 측정하려는 용액의 pH와 가까운 pH 값을 지닌 완충용액(약 30 ㎖)이 담긴 비커에 전극을 넣는다.

⑤ Function switch를 “측정”으로 한다.

⑥ pH 미터가 읽은 값이 완충용액의 pH와 일치하도록 조절한다.

⑦ 전극을 앞에서 설명한 방법으로 증류수로 씻은 후 흡수성 종이로 물기를 제거한다.

⑧ pH 보정은 pH가 다른 2 가지 이상의 완충용액을 사용해서 해야 한다. (예 : pH 4.0, pH 7.0, pH 10.0.) 정확한 결과를 얻기 위해서는 시료 용액과 표준 완충용액의 온도 차이가 2~3℃ 이내이어야 한다.

⑨ 시료 용액에 전극을 담가 pH 값을 읽는다(이때 값이 안정하게 될 때까지 기다린다).

⑩ 마지막 측정을 마친 후 전극을 씻고 증류수에 담가둔다(장기간 사용하지 않을 때는 전

극에 마개를 끼워둔다).

6.4 액체의 부피 측정

화학 실험실에서 액체의 부피는 눈금실린더(graduated cylinder), 뷰렛(burette), 피펫(pipette) 또는 부피측정용 플라스크(volumetric flask 또는 용량 플라스크)를 사용한다. 눈금이 새겨진 비커나 플라스크를 사용할 수도 있으나 이러한 기구들로는 정확한 부피의 측정이 불가능하므로 어림측정을 할 경우에만 사용한다.

부피 측정에 사용되는 유리 기구들은 절대 가열해서는 안 된다. 가열하면 유리가 팽창하여 정확한 부피를 측정할 수 없게 된다.

유리 기구는 먼저 비눗물이나 세척액(cleaning solution)과 세척솔(brush)로 씻은 후 다량의 증류수로 여러 번 세척하고, 담으려는 액체로 두세 번 씻어 낸 후 사용한다. 깨끗하지 않은 유리 기구는 벽에 묻은 액체가 균일하게 흘러내리지 않으므로 쉽게 확인할 수 있다. 사용하는 액체를 바꿀 때에는 반드시 유리 기구를 다시 세척하여 사용하여야 한다.

유리 기구의 눈금이 새겨진 부분이 수직이 되도록 세운 후에 눈금을 읽어야 하고 액체를 넣은 후 1분 이상 기다려서 유리벽에 묻은 액체가 모두 흘러내린 후에 눈금을 읽어야 한다.

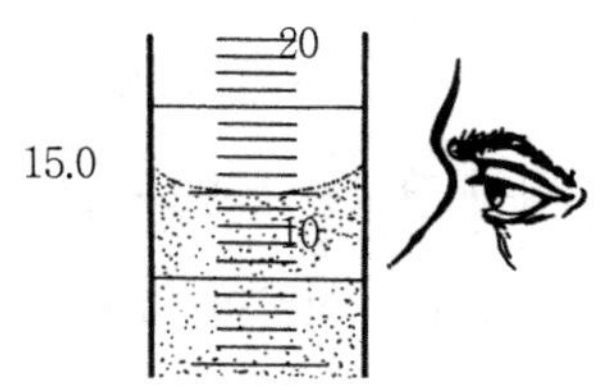

| 그림 6.7 | 액체의 메니스커스의 위치를 읽는 법

눈금을 읽을 때에는 눈의 높이를 액체의 메니스커스(meniscus)와 같게 하고, 메니스커스의 밑바닥 부분에 해당하는 위치를 읽는다[그림 6.7]. 가장 작은 눈금의 1/10의 값을 어림잡아 읽는다. 즉, 1 ml의 간격으로 눈금이 새겨진 경우에는 0.1 ml까지 읽어야 한다.

1) 눈금실린더(graduated cylinder)

눈금실린더는 액체의 부피를 어림으로 측정하는 경우에 사용된다. 눈금실린더는 측정하고자 하는 액체의 부피에 알맞은 것을 사용하여야 한다. 너무 큰 것을 사용하면 눈금이 커서 정확도가 떨어지고 너무 작은 경우에도 역시 정확한 측정이 어렵다.

2) 뷰렛(burette)

뷰렛은 일반적으로 눈금실린더를 사용할 때보다 더 정확한 측정이 필요한 경우에 사용한다. 뷰렛은 일정한 양의 액체를 취하거나 반응 그릇에 들어가는 액체의 양을 측정하기에 편리하도록 눈금의 숫자가 위에서 아래로 갈수록 커지게 새겨져 있다.

뷰렛을 사용하기 전에 콕크의 옆으로 액체가 새어나오지 않는지 확인하여야 한다. 뷰렛을 세척할 때에 콕크가 빠지지 않도록 조심하여야 한다. 뷰렛에 액체를 채울 때에는 반드시 깔때기를 사용하도록 한다. 뷰렛을 통해 흘러간 용액의 양은 콕크를 열기 전, 후의 눈금을 정확히 읽고 그 차이를 구해 확인할 수 있다. 처음부터 특정한 눈금에 메니스커스를 맞추려고 노력할 필요는 없다. 액체를 취할 때에는 액체의 메니스커스가 뷰렛의 가장 아래쪽 눈금보다 밑으로 내려가지 않도록 주의한다.

뷰렛의 콕크를 돌릴 때에는 콕크의 몸통 부분을 왼손으로 잡고 오른손 엄지와 검지손가락을 이용해 콕크 손잡이 부분을 잡고 돌린다. 이때 콕크가 밖으로 빠지지 않도록 콕크의 손잡이 부분을 안쪽으로 약간 밀면서 천천히 돌린다. 콕크가 제 자리에서 빠지면 세척하여 완전히 건조시킨 후에 다시 적당량의 그리스를 칠하여 뷰렛에 끼운다. 그리스를 너무 많이 사용하면 콕크의 구멍이 막힐 수 있으니 주의해야 한다.

3) 피펫(pipette)

피펫은 일정한 양의 액체를 정확히 취하기 위하여 사용하는 유리 기구로, 일정한 양만을 취할 수 있는 홀 피펫과 뷰렛과 같이 눈금이 새겨져 있는 눈금 피펫이 있다.

피펫으로 액체를 취할 때에는 피펫 필러를 사용하도록 하고 입으로 빨아들이지 않도록 한다. 피치 못하게 입을 사용하는 경우에는 시약이 입으로 들어가지 않도록 각별히 조심하여야 한다[그림 6.8].

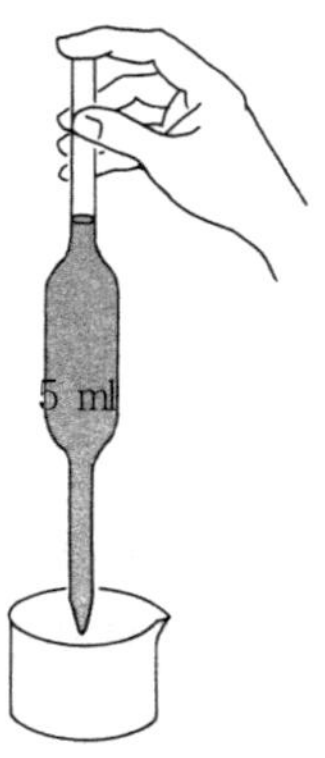

| 그림 6.8 | 피펫의 올바른 사용법

액체를 취할 때에는 충분한 양의 액체가 담겨진 비커의 바닥 부근까지 피펫의 끝을 넣은 후, 피펫 필러를 피펫의 위쪽 끝에 가볍게 대고 원하는 눈금보다 위까지 액체가 올라오도록 한다. 다시 피펫 필러를 조절하여 액체가 조금씩 흘러나오게 하여 원하는 눈금에 액체의 메니스커스를 맞춘 후, 반응 용기로 옮겨서 원하는 양의 시약을 취한다. 피펫에 액체를 넣은 채 실험실을 돌아다녀서는 안 된다.

홀 피펫의 경우에 피펫에 표시된 양을 정확히 얻기 위해서는 액체가 모두 흘러내린 후 피펫 필러의 공 부분을 눌러 피펫의 끝에 남아 있는 액체를 떨어 뜨려야 한다. 피펫을 입으로 불거나 털어서는 안 된다. 눈금 피펫의 경우에는 피펫 끝의 액체는 취하지 않아야 한다.

4) 부피측정용 플라스크(volumetric flask 또는 용량플라스크)

부피측정용 플라스크는 일정한 양의 액체를 정확히 취할 수 있도록 눈금이 새겨진 플라스크로 흔히 일정한 농도의 용액을 만들 때 사용된다.

먼저 용질의 양을 정확히 측정하여 소량의 용매에 녹인 후 플라스크에 넣고 용매를 눈금까지 채운다. 메니스커스를 정확히 맞추기 위하여 스포이드를 사용하여도 좋다. 마개를 막고 잘 흔들어서 균일한 용액이 되도록 섞는다. 측정한 용질은 모두 플라스크로 들어가도록 하여야 하므로 용매로 플라스크의 눈금까지 채우기 전에, 용질을 녹일 때 사용한 비커를 순수한 용매로 여러 번 씻어서 모두 플라스크에 넣어야 한다.

플라스크는 일정한 온도에서 사용하도록 되어 있으므로 용질을 녹이기 위하여 플라스크를 가열하여서는 안 된다.

6.5 온도계의 종류와 사용법

화학 실험실에서 사용하는 온도계는 주로 온도에 따라 부피가 크게 변하는 액체를 이용한다. 붉은 색으로 착색된 알코올을 사용하는 알코올 온도계와 수은을 사용하는 온도계가 있다. 정밀한 온도의 측정을 위해서는 온도에 따른 금속의 전기저항 변화를 측정하는 서미스터(thermistor)를 사용한다.

화학실험실의 온도계는 주로 섭씨온도로 표시된다. 온도를 측정할 때에는 온도계의 밑부분이 측정하려는 시료와 충분한 시간동안 접촉하여 온도계 내부의 액체와 열적 평형이 이루어진 후에 눈금을 읽어야 한다. 눈금을 읽는 방법은 뷰렛의 눈금을 읽을 때와 같은 방법을 이용한다. 온도계의 측정 범위를 벗어나는 온도를 측정하려고 하면 온도계가 파손될 가능성이 있으므로 유의하여야 한다.

온도계는 온도를 측정하는 기구이므로 젓개의 대용으로 사용하여서는 안 된다. 특히 수은 온도계를 사용하는 경우에는 각별히 주의하여야 한다. 수은 온도계가 파손되어 수은이 실험대 위에 떨어졌을 때에는 즉시 충분한 양의 황 분말을 골고루 뿌려 24 시간 이상 방치한 후에 황 분말과 함께 수거하여 폐기물통에 버린다. 수은은 매우 유독하므로 그냥 방치하거나 손으로 직접 만지지 않도록 한다.

6.6 병으로부터 액체 따르기

병으로부터 액체를 취하고자 할 때에는 병 내부 시약의 오염을 주의한다. 병의 마개 부분이 다른 물질과 접촉되지 않도록 한다. 만약 마개 끝이 편평한 면을 하고 있다면 편평한 면 끝을 잡거나 책상 위에 뒤집어 놓는다. 만약 마개 끝이 편평하지 않고 수직 부분이 있다면 [그림 6.9]에서와 같이 손가락 사이로 마개의 수직 부분을 잡아 마개를 제거하고 나서 그 손으로 병을 들어 올린다. 옮겨 담으려는 용기의 벽면에 병의 입구를 갖다 대고 액체가 튀지 않도록 용기의 측면에 조심스럽게 붓는다. 이때 액체가 병 바깥 면으로 흐르지 않도록 한다. 젓개 막대를 용기의 측면에 대고 액체를 부을 수도 있다. 만약 액체가 병 바깥으로 흘렀다면 즉시 병 입구를 깨끗이 닦아야 한다.

6.7 디캔팅(decanting)

용액 따르기라 부르는 이 과정은 비커의 밑바닥에 가라앉은 고체로부터 액체를 분리하는데 사용된다. [그림 6.9]에서와 같이 분리하려는 용액이 담긴 비커의 입구에 젓개 막대기를 대고 아래쪽 두 번째 비커의 안쪽 측면에 닿게 한 후, 위쪽 비커를 조심스럽게 기울여 용액이 젓개 막대를 따라 흘러내리도록 한다.

6.8 여과법(filtration)

이 방법은 현탁액으로부터 미세하게 분산된 고체를 분리하는데 효과적이다.

[그림 6.10]에서와 같이 거름종이를 준비한다. 원형 거름종이를 반으로 포개 접은 후 다시 4 등분하여 접는다. 접혀진 거름종이의 한쪽 모서리를 약간 찢어내고 거름종이의 세 겹을 한 면으로 하고 한 겹으로 된 쪽을 다른 면으로 하여 거름종이를 벌려 유리 깔때기에 끼워 넣는다. 깔때기 면에 거름종이를 밀착시킨 후 씻기병의 증류수를 약간 뿌려서 거름종이가 유리에 잘 부착되도록 한다. 거름종이가 깔때기 윗면보다 밖으로 나와서는 안 된다.

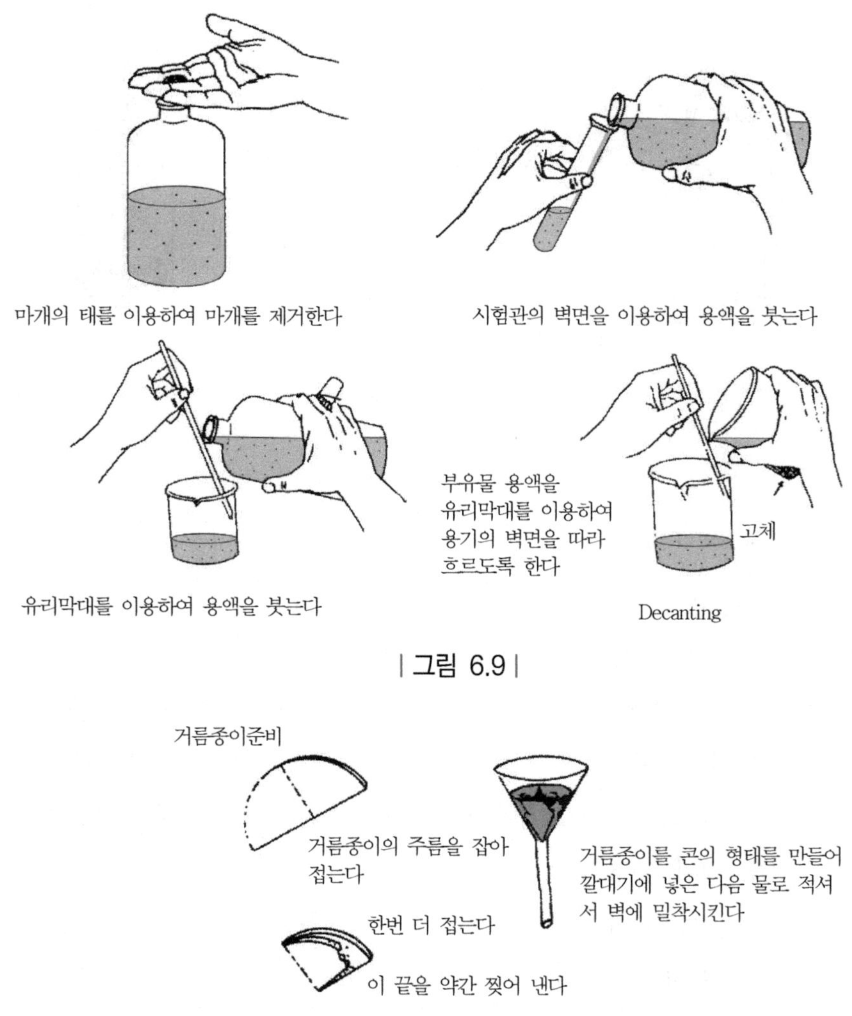

| 그림 6.9 |

| 그림 6.10 |

[그림 6.11]에서와 같이 스탠드 고리에 깔때기를 고정시키고 깔때기 대롱이 아래쪽 비커의 안쪽 벽면에 닿도록 한다. 거름종이 위에 현탁액을 붓는다. 이때 유리봉의 끝을 거름종이의 위쪽 끝보다 더 낮은 부분에 놓고, 위쪽 비커 입구에 수직으로 대고 붓는 것이 가장 좋은 방법이다. 거름종이 윗면까지 액체를 채우지 않도록 주의한다. 증류수가 들어있는 세척병을 사용하여 거름종이에 묻어있는 여분의 물질을 씻어낸다. 거름종이를 통해 나간 액체를 거른 액이라 하며 거름종이에 남은 고체를 잔류물이라 한다. 용액으로부터 잔류물을 유리시키기 위해서 세척병의 물로 다시 세척한다.

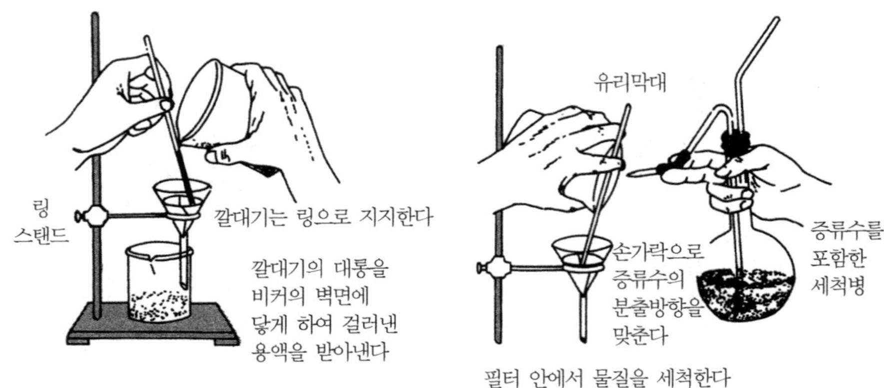

| 그림 6.11 |

6.9 가열(heating)

가열은 실험실에서 행하는 가장 기본적인 조작 중의 하나이다. 열원으로서는 알코올램프, 가스 버너, 물중탕(water bath), 가열 망태기(heating mantle) 등이 주로 사용되며 가열 방법에 따라서 직접 가열, 가압 하에서의 가열법 등이 있으나 일반적인 방법만 소개한다.

액체를 가열하는 경우, 용기에 너무 많은 양의 액체가 들어 있으면 가열시 부피 팽창이 생겨 액체가 밖으로 튀어나오거나 폭발하는 수가 있으므로 액체를 시험관 부피의 1/2 이상 넣지 않는 것이 좋다.

가열 방법은 [그림 6.12]와 같이 시험관 집게로 시험관의 윗부분을 잡고 시험관을 약간 기울여 약한 불꽃에서부터 서서히 가열한다. 가열하는 도중 시험관 내부를 들여다보거나 냄새를 맡는 일은 하지 않는 것이 좋다. 그리고 분젠 버너로 가열할 때는 가스와 산소의 양을 조절하여 불꽃이 너무 강하지 않도록 해야 한다. 알코올램프는 불꽃의 조절이 잘 안되므로 강하게 가열하려면 [그림 6.13]과 같이 시험관을 불꽃의 윗부분에 두어 불꽃으로 둘러

| 그림 6.12 |

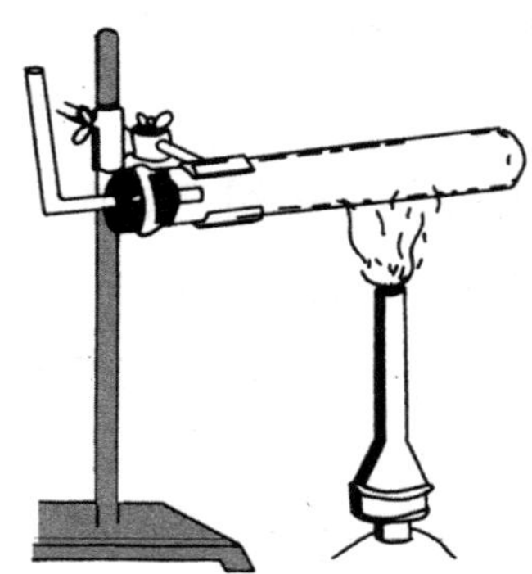

| 그림 6.13 |

써주는 것이 좋고 약하게 가열하려면 시험관을 불꽃의 끝에다 두면 좋다. 고체를 가열할 때에는 약한 불꽃으로 시험관 전체를 골고루 가열한 다음 목적하는 곳을 집중적으로 가열한다. 특히 이 경우 반응으로 생긴 수증기가 응축되어 물방울이 생기고 이것이 시험관의 뜨거운 부분에 흘러내리면 시험관이 깨진다. 이때는 [그림 6.13]과 같이 시험관을 옆으로 기울여 입구를 조금 아래쪽으로 한 다음 고체를 좀 넓게 펼쳐놓고 가열하면 된다. 비커나 플라스크는 시험관보다 열에 약하므로 너무 강하게 가열해서는 안 된다.

플라스크 중에서 둥근 바닥 플라스크는 열에 다소 강하므로, 높은 온도로 가열하고자 할 때는 [그림 6.14]와 같이 둥근 바닥 플라스크를 쇠그물 위에 올려놓고 가열한다. 이때 용액이 갑자기 끓어 넘치는 돌비현상을 막기 위하여 깨끗한 사기 조각이나 한쪽을 막은 모세관 등을 비등석으로 넣어준다. 가연성 물질을 가열할 때는 [그림 6.15]와 같은 물중탕을 사용하면 안전하고 편리하다.

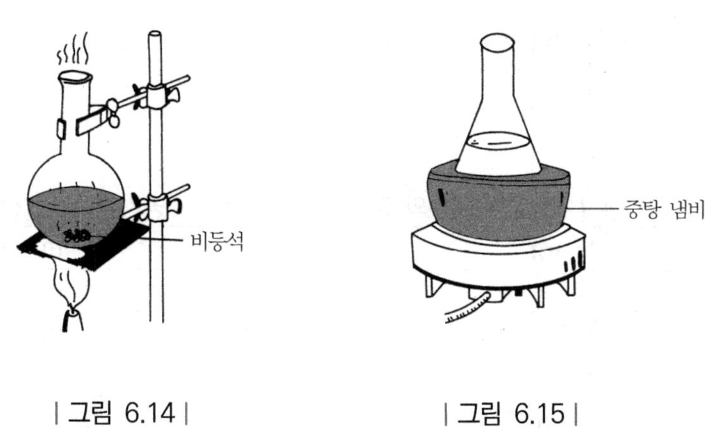

| 그림 6.14 |

| 그림 6.15 |

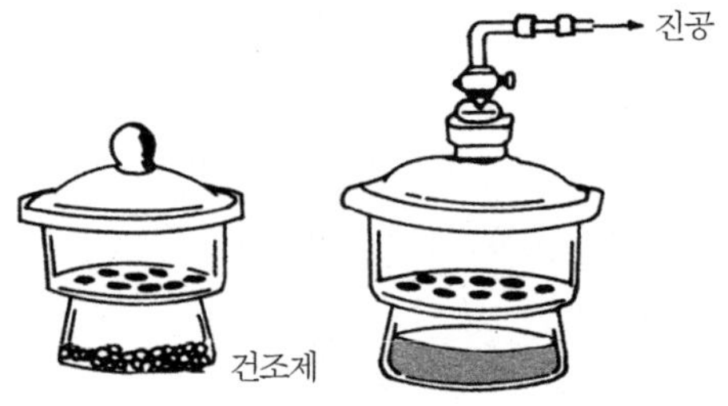

| 그림 6.16 |

6.10 건조(drying)

건조 기구로는 가열 장치와 보통 실온에서 수분을 제거하는데 사용하는 데시케이터 등이 있다 [그림 6.16]. 가열 건조 장치로는 보통 60~200℃로 건조시키는 데에 쓰는 항온건조기(electric constant temperature drying oven)를 많이 이용한다. 고온에서 분해되기 쉬운 물질을 건조하는 데는 진공건조기(vacuum drying oven)를 이용하면 편리하다. 눈금이 있는 유리 기구를 건조할 때는 100~150℃이상으로 온도를 올리면 안 된다.

데시케이터 밑 부분에 넣는 건조제로는 건조시키고자 하는 시료에 따라 적당한 것을 선택할 수 있다. 이때 주의할 점은 건조시키는 물질과 화학반응을 일으키는 건조제를 사용해서는 안 된다. 일반적으로 산성 물질을 건조시키고자 할 때에는 산성 건조제를, 염기성 물질을 건조시키고자 할 때에는 염기성 건조제를 사용한다. 흔히 중성 건조제인 염화칼슘을 많이 사용하며, 수분의 흡수 정도를 색깔로 쉽게 식별할 수 있으며 반응성이 적고 재사용하기 쉬운 실리카겔도 많이 사용한다. 건조 정도에 정밀을 요할 때에는 진한 황산이나 오산화이인을 사용한다. 여러 가지 건조제를 표 6.3에 나타내었다.

| 표 6.3 | 대표적인 건조제 (30.5℃)

건 조 제	공기 1 l 당 잔류 수분의 양	건 조 제	공기 1 l 당 잔류 수분의 양
$CuSO_4$	2.8 mg	Al_2O_3	5×10^{-3} mg
$CaCl_2\cdot H_2O$	1.5	CaO	3×10^{-3}
$NaOH$	0.80	$Mg(ClO_2)_3$	2×10^{-3}
95% H_2SO_4	0.3	BaO	7×10^{-4}
KOH	1.4×10^{-2}	P_2O_5	2×10^{-5}
$ZnCl_2$	0.98	실리카겔	3×10^{-3}

제2부

실험

실험 01
유리 세공법

1 목적

화학 실험에서 쓰이는 간단한 장치들은 스스로 만들어서 사용하기도 한다. 본 실험에서는 유리관을 자르고 구부리고 가늘게 뽑는 등의 작업을 직접 해 보고, 이러한 유리세공에 의해 간단한 장치를 만드는 법을 실습한다.

2 원리

화학 실험에서 쓰이는 간단한 유리 장치는 용도에 따라 스스로 만들어서 사용한다. 이런 경우에는 흔히 지름 6 mm인 유리관을 원하는 모양으로 자르고 구부려서 장치를 꾸민다. 이 실험에서는 유리관을 자르고 구부리고 가늘게 뽑는 일과 자른 부분을 불꽃으로 다듬어서 유리관을 고무마개에 끼우는 법 등을 실습한다.

◈ 유리의 성질

유리란 고체처럼 보이지만 사실은 과냉각 된 액체이다. 즉 유리는 정상적인 어는점에서 고체상이 석출되지 않고 더욱 냉각된 액체이다. 그러나 유리는 점성이 매우 높기 때문에 고체에 해당하는 몇 가지 성질을 갖고 있다. 예를 들면 딱딱하고 특정한 모양을 가지며 깨지는 성질을 가진다. 그러나 유리와 진짜 고체 사이에는 중요한 차이가 있다.

① 유리의 균열은 여러 방향으로 나타나며 파편 모양도 여러 가지이다. 결정성 고체는 이와 반대이다. 즉 어떤 특정한 방향으로만 깨지며 이에 따라 깨진 면은 곡면이 아니며

편평하다(결정성 고체에 관해서는 나중의 실험에서 더 알게 될 것이다).

② 진짜 고체를 가열하면 어떤 특정 온도에서 녹는다. 그러나 유리를 가열하면 점성이 낮아져 분명히 액체의 성질을 가진 물질이 되지만 고체에서 액체로 되는 명확한 변화 온도는 없다.

위 둘째 항은 유리를 취급하는데 있어서 매우 중요하다. 그 이유는 유리가 "플라스틱"의 성질을 가지며 원하는 모양으로 성형하거나 부풀리거나 또는 구부릴 수 있는 온도의 범위가 있기 때문이다. 현재 상용되는 유리에는 크게 세 가지 부류가 있다[표 1.1].

유리는 팽창이나 수축을 쉽게 할 수 없으므로 급히 가열 또는 냉각시키면(열 충격이라 함) 산산 조각나 깨진다. 그러나 용융 실리카 유리는 다른 유리보다 열 충격에 매우 강해 잘 깨지지 않지만, 가격이 비싸고 가공이 어렵다.

이 실험에서는 소다 유리로 만든 유리관을 사용한다. 소다 유리를 쓰면 분젠 버너의 불꽃으로 간단한 조작을 실시할 수 있다. 그러나 보로실리카 유리를 연화할 만큼 뜨거운 불꽃을 얻으려면 아세틸렌-산소 혼합물을 연소시키는 토치가 있어야 한다. 순수한 실리카 유리를 사용할 때에는 산소-수소 혼합 기체의 연소에서 얻는 매우 뜨거운 불꽃이 필요하다.

| 표 1.1 | 현재 상용되고 있는 유리

	소다 유리	보로 실리카 유리	용융 실리카 유리
조 성(주성분)	이산화규소, SiO_2 산화나트륨, Na_2O 산화칼슘, CaO	SiO_2, B_2O_3 (산화붕소)	SiO_2
연화점	낮다(600℃)	높다(800℃)	매우높다(1200℃)
가열 또는 냉각시 실리카와 비교한 팽창	높다 (실리카의 14배)	낮다 (실리카의 5배)	매우 낮다
화학 물질에 대한 내구성	낮다	높다	매우 높다
용 도	용기 창유리	가열용 그릇 실험용 유리기구	특수실험용 유리기구
상품명	—	Pyrex Kimax Hysil	Vycor
상대적 가격	낮다	중간	높다

3 기구 및 재료

기구	• 유리관(Φ 6 mm) 1 m	• 고무마개
	• 알코올 램프	• 보오리(borer)
	• 쇠그물 또는 석면판	• 세모줄(file)
	• 핀셋	• 고글
재료	• 목장갑	

1. 분젠 버너

분젠 버너는 천연가스를 조절하여 연소하는 기구로서 실내에서 이동시켜서도 사용할 수 있다. [그림 1.1]은 분젠 버너의 모양이다. 이 버너는 아래쪽에 가스 주입구가 있고, 기체는 버너의 위쪽에서 탄다. 또한 버너 중간에는 구멍이 있는데 이를 통해 공기가 들어와 기체와 혼합되며 기체와 공기의 혼합물이 타게 된다.

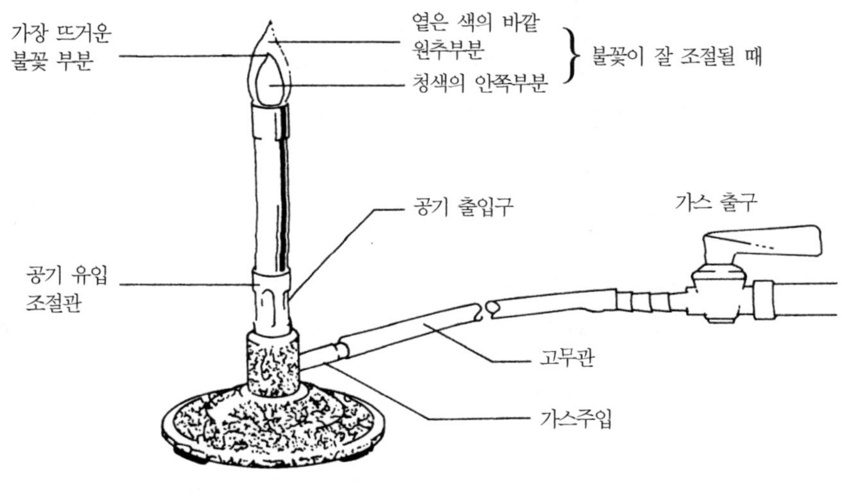

| 그림 1.1 | 분젠 버너

2. 버너 켜기와 조절

(1) 버너의 튜브와 고무관을 연결하고 고무관의 다른 쪽을 가스통의 작은 출구와 연결한다.

(2) 버너의 공기 구멍을 잠근다.

(3) 가스통을 열고 성냥을 켠 다음 버너의 튜브 끝에 갖다 댄다. 위쪽에서 가까이 대면 꺼지는 수가 많다.

(4) 공기 구멍을 천천히 연다. 그러면 불꽃이 두 개의 동심원으로 구성될 것이다. 안쪽의 불꽃심은 푸른색을 띤다.

(5) 기체의 연소 소리가 심하면 이는 공기 조절이 더 필요하다는 것을 뜻한다. 불꽃이 조용히 타고 안쪽의 파란 불꽃 높이가 10~15 mm 정도이면 적절하게 조절한 것이다.

(6) 때때로 공기 출입관을 너무 열어 주면 버너의 아래쪽에 있는 작은 구멍에서 불꽃이 생길 수도 있다. 이때는 즉시 가스 꼭지를 잠가야 한다. 다시 켤 때에는 버너가 뜨겁지 않도록 냉각시킨 다음에 공기 출입관을 닫고 불을 켠다. 앞에서처럼 공기 출입관을 너무 열지 않도록 주의한다.

* 실제 실험에서는 가스 사용이 위험하여 알코올램프로 대체함

* 유리를 충분히 가열하지 않은 상태에서 부러뜨리게 될 경우, 파편이 튀어 눈에 들어갈 수 있으므로 반드시 보안용 고글을 착용해야 한다.

3. 유리관 자르기

(1) 유리관을 실험대 위에 놓고 자르려는 부위를 줄로 누른다. 줄은 자기 쪽으로 끌어당기고 동시에 다른 손으로는 관을 반대로 회전시킨다. 줄로 관을 수직 방향으로 자른다는 것을 기억하라. 이렇게 하면 관은 한 줄의 긁힘을 받게 되며, 이 긁힘 선은 관의 반 바퀴 정도가 될 것이다. 이때 나무를 톱질할 때처럼 줄을 앞뒤로 움직이는 것은 여러 줄이 생겨 오히려 좋지 않으며, 깨끗하게 만들어진 한 줄의 긁힘이 가장 효과적이다.

(2) 줄 자리를 닦고 양손으로 관을 단단히 잡되 두 엄지손가락을 줄 자리 바로 뒤쪽에 갖다 댄다[그림 1.2]. 관을 어느 정도 세게 늘이면서 엄지손가락으로 힘을 가한다. 그러면 관이 깨끗이 잘라질 것이다.

TIP

관이 잘리려면 장력 하에 놓여 있어야 한다. 위 방법대로 하면 관이 깨끗이 잘라질 뿐 아니라 두 개의 잘린 부분이 잘 잘려 위험이 줄어든다. 이러한 관 자르기는 직경이 작은(12 mm 이내) 경우에 효과적이다. 직경이 큰 경우에는 다른 방법을 써야 하며 숙련가에게 맡기는 것이 가장 좋다.

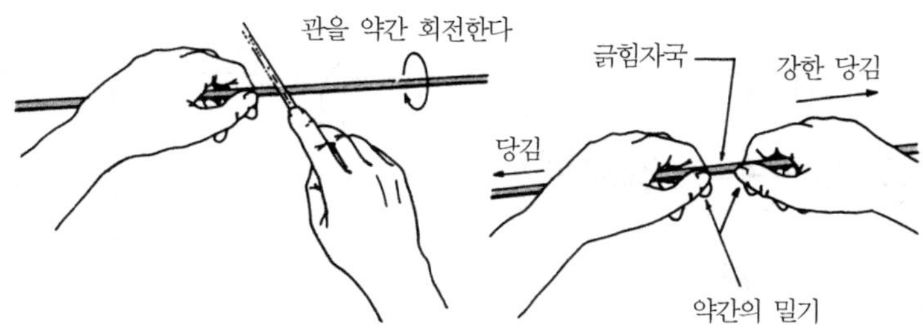

| 그림 1.2 | 유리관 자르기

4. 달굼 연마

방금 잘린 관은 예리한 모서리를 지니므로 사용하기 전에 모서리를 부드럽게 해야 한다. 이것은 연마로 쉽게 할 수 있다. 잘린 끝 쪽을 분젠 버너의 가장 뜨거운 불꽃에 갖다 댄다.(속불꽃 바로 위) 거친 부분이 완만하게 될 때까지 관을 계속 회전시킨다. 이때 너무 가열하면 잘린 부분이 협소해지므로 주의하여야 한다[그림 1.3].

TIP

유리는 차가울 때나 뜨거울 때나 육안으로는 구별되지 않는다. 방심하여 뜨거운 유리를 잡으면 큰 화상을 입을 것이다. → 목장갑 필수

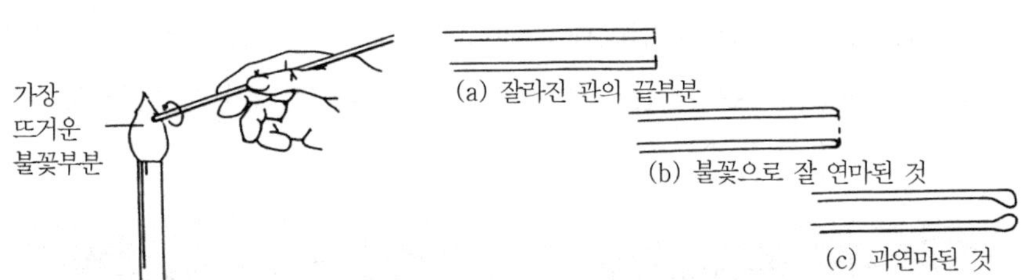

| 그림 1.3 | 유리관의 달굼 연마

5. 구부리기

(1) 작은 직경의 유리관은 분젠 버너의 가장 큰 불꽃 부분으로 관을 회전하면서 가열하여 쉽게 구부릴 수 있다(넓게 퍼진 불꽃은 날개관을 버너 꼭지에 얹어 얻을 수 있다). 유리가 연화되면 불꽃에서 떼고 잠시 들고 있으면, 유리 무게에 의해 휘어지게 된다.

(2) 다음에 서서히 힘을 주어 굽히거나 원하는 각도로 될 때까지 무게 힘으로 휘어지도록 한다[그림 1.4]. 굽힐 때 너무 힘을 가하면 찌그러지거나 깨지므로 주의하여야 한다.

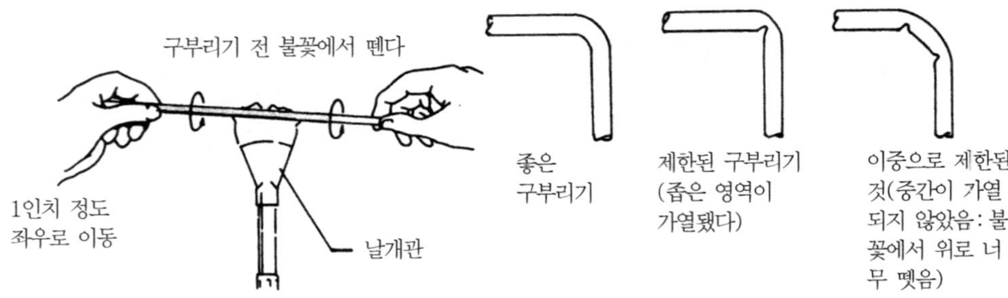

| 그림 1.4 | 유리관 구부리기

6. 가늘게 뽑기

연결관 뷰렛의 뾰족한 끝 등을 만들기 위해 두꺼운 관을 뽑아 더 작은 직경의 관을 만들 때가 흔히 있다. 이를 위해서는 관이 불꽃으로 연하게 될 때까지 충분히 회전시킨 후, 불꽃에서 떼어 원하는 길이가 될 때까지 두 끝을 천천히 당긴다(이때도 관을 회전시킨다). 너무 빨리 잡아당기면 늘어진 부분의 두께가 아주 얇게 된다. 사용 목적에 적합한 것은 뾰족한 끝의 직경이 약 2 mm 정도 되게 하는 것이다.

본 실험에서 이번 학기에 필요한, 다음과 같은 여러 가지 관들을 만들어 보자.

(1) 연결 고무관과 끝이 뾰족한 짧은 관이 부착된 뷰렛을 사용하고자 할 때는 한두 개의 뷰렛 끝 관이 필요하다. 이것은 2~3 cm 길이의 유리관의 한쪽을 가늘게 뽑은 관이다.

(2) 때로는 적은 양의 용액을 옮기는 데 쓰이는 서너 개의 피펫(pasteur 피펫)이 필요하다. 이는 한쪽을 가늘게 뽑은 10 cm 정도 길이의 관이다. 직경이 큰 쪽은 불로 연마한다.

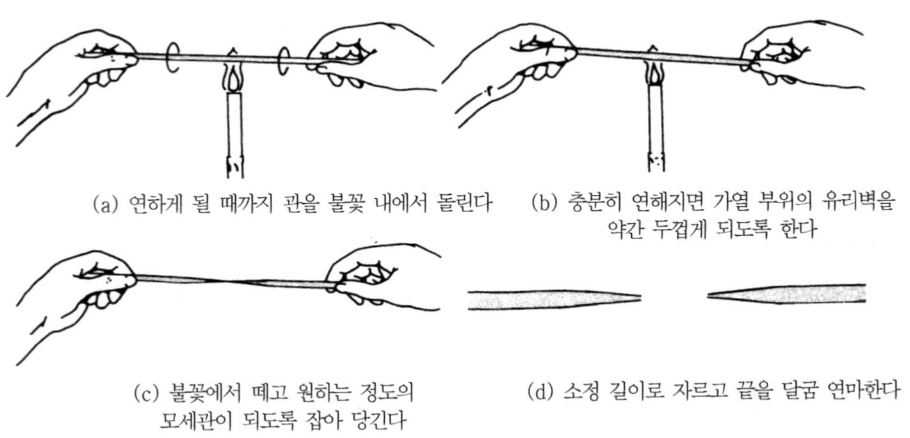

| 그림 1.5 | 작은 피펫을 만들기 위한 유리관 뽑기

실험 01 - 실험보고서
유리 세공법

1. 굵지 않은(직경 12 mm 이하) 유리관을 자를 때 주의해야 할 사항과 그 이유를 써라.

2. 관을 자른 후 유리관의 끝을 무디게 하는 이유는 무엇인가?

3. 고무 마개나 코르크 마개의 구멍을 뚫을 때 보오라(borer)의 선택 기준은 어디에 두며 그 이유는 무엇인가?

4. 버너의 불꽃은 그 색에 따라 온도의 차이가 크다. 불꽃의 각각 부위에 따른 온도의 높고 낮음을 나타내어라.

5. 유리 제품을 가열한 후 갑자기 식히면 파손될 염려가 있다. 그 이유를 써라.

실험 02 열량계

1 목적

열량계의 온도 변화를 관찰하여 화학 반응에 수반하는 열의 흡수 또는 방출되는 양을 측정한다.

2 원리

열량계는 물리적 혹은 화학적 반응 과정에서 흡수되거나 방출되는 열량을 측정하는 장치이다. 용도와 목적에 따라서 여러 가지 종류의 열량계가 있으며, 기본적으로 열량계가 갖추어야 할 요건은 다음과 같다.

1. 열을 흡수할 물질
2. 열의 출입을 기록할 수 있는 장치(온도계, 기록계 등)
3. 계를 주위로부터 격리할 수 있는 단열 장치

이 실험에서는 주변에서 쉽게 구할 수 있는 간단한 장치를 사용하여 열량 변화를 측정하고, 그 기본 원리를 이해하고자 한다.

3 기구 및 시약

기구 • 보온병(비커 혹은 스티로폼 컵을 사용해도 좋은데 이때는 2개를 포개서 기벽이 이중으로 되게 하는 것이 좋다)

- 온도계(0~100℃, 눈금 0.1˚)
- 100 ml 눈금 실린더
- 얼음물
- 증류수

시약
- 0.4 N HCl
- 2.0 N NaOH 수용액

4 실험방법

(1) [그림 2.1]과 같이 측정장치를 설치한다. 용기는 작은 보온병이 좋겠지만 2개의 비커(혹은 종이컵이나 스티로폼 컵)용기에 100 ml (용기의 크기에 따라서 조절)의 증류수를 넣고 온도계를 끼운 뚜껑을 덮은 다음 일정한 온도에 도달했다고 생각되면 그 값을 기록한다.(T_i^{w})1)

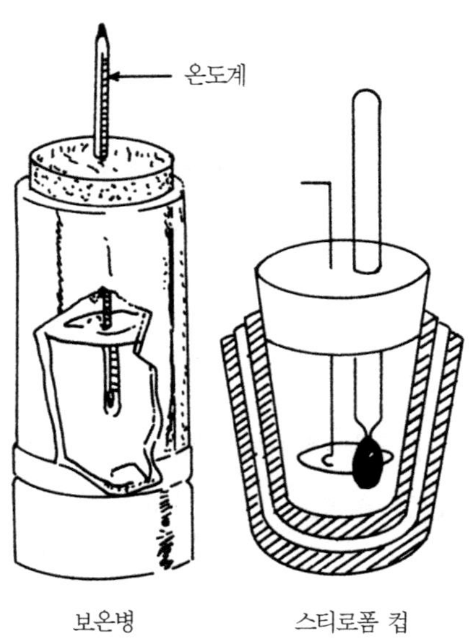

| 그림 2.1 | 간단한 열량계

(2) 적당히 냉각된 얼음물의 온도를 잰 뒤(T_i^{ice}) 20 ml를 재빨리 취해서 증류수가 들어 있

---

1) 코르크 마개에 온도계를 먼저 꽂아서 온도계의 높이를 적당히 조절한 후에 보온병을 막아야 보온병과 온도계의 파손을 막을 수 있다.

는 위의 용기에 쏟아 붓고 뚜껑을 덮은 뒤 30 초~1 분쯤 후에 전체 용액의 온도를 측정해서 기록한다(T_f).

(3) 1 g의 물의 온도를 1℃ 변화시키는데 1 cal의 열량이 필요하므로 우리가 사용한 간단한 열량계의 열용량을 다음 식에 의해서 구할 수 있다.

$$20 \times (T_f - T_i^{ice}) = C'(T_i^{w} - T_f)$$

얼음물 20 ml가 얻은 열량 = (열량계 + 100 ml의 물)이 잃은 열량

여기서 C'은 100 ml의 물을 포함한 용기의 열용량이다.

(4) 열량계 용기를 깨끗이 비운 뒤에 0.4 N HCl 용액 100 ml를 넣는다.

(5) 다른 비커에 2.0 N NaOH 용액을 준비하고 각각 용액의 온도가 소수점 아래 한 자리까지 동일하게 되도록 잠시동안 방치한다(T_i).

(6) 2.0 N NaOH 용액 20 ml를 취해서 열량계 용기에 재빨리 섞고 뚜껑을 덮은 뒤, 도달하는 최고 온도를 확인하고 기록한다.(T_f)

실험 02 - 실험보고서
열량계

1. 열량계 전체(용기+120 ml)의 열용량(C)

① 증류수의 온도(T_i^W) ______________ ℃

② 얼음물의 온도(T_i^{ice}) ______________ ℃

③ 증류수와 얼음물의 최종 온도(T_f) ______________ ℃

④ 열량계 전체의 열용량(C) = C'+ 20 ______________ cal/deg

2. 중화열

① HCl의 온도(T_i) ______________ ℃

② NaOH 용액의 온도(T_i) ______________ ℃

③ 중화된 용액의 최고 온도(T_f) ______________ ℃

④ 0.4N HCl 100㎖ 용액의 mol 수 ______________ mol

⑤ 중화열(Q) ______________ cal/mol

$$Q = \frac{C(T_f - T_i)}{0.04}$$

3. 위의 중화반응에 대한 이온방정식을 적어라.

실험 03

산소의 제법과 성질

1 목적

실험실에서 이산화망간(MnO_2)을 촉매로 하여 염소산칼륨($KClO_3$)을 열분해시켜 산소 기체를 제조한다. 또한 얻어진 산소 기체의 화학적인 성질을 조사한다.

2 원리

실험실에서 산소를 만드는 가장 쉬운 방법은 염소산칼륨을 열분해시키는 것으로, 이 반응식은 다음과 같다.

$$2KClO_3(s) \xrightarrow[\text{m.p.}368℃]{\text{가열}} 2KCl(s) + 3O_2(g)$$

이 반응은 이산화망간과 같은 촉매에 의해서 매우 빠르게 진행된다. 촉매란 반응의 속도는 변화시키지만 자기 자신은 변하지 않고 반응 후에 회수될 수 있는 물질이다.

발생되는 산소는 일반적인 수상 포집법으로 쉽게 모을 수 있다.

또한 위에서 제조한 산소 기체 중에서 비금속 원소인 유황(S)과 금속 원소인 마그네슘(Mg)을 연소시킨 후, 각각의 연소 산화물의 성질과 산화물이 물과 반응할 때 나타나는 액성을 관찰하고자 한다.

3 기구 및 시약

기구
- 시험관(Test tube)
- 도가니(Crucible)
- 집기병(Pneumatic bottle)
- 핀셋(Pincette)
- 스탠드
- 성냥
- 고무마개
- 전자저울
- 연소 숟가락(ㄴ자로 꺾여 있어야 함)
- 리트머스시험지(Litmus paper)
- 수조(Water container)
- 마그네슘(Mg) 리본
- 클램프
- 유리관
- 알콜 lamp
- ㄱ자관, 실리콘 tube

시약
- 염소산칼륨($KClO_3$)
- 이산화망간(MnO_2)
- 질산나트륨($NaNO_3$)
- 황 가루(S)
- 과산화바륨(BaO_2)

4 실험방법

1. 산소의 제법

(1) 건조된 3 개의 시험관에 약 0.1 g의 BaO_2, $NaNO_3$, $KClO_3$을 각각 넣고, 그림 3.1과 같이 장치하여 조심스럽게 가열하다가 점점 강하게 가열한다. 이들 화합물이 분해되려면 융점 이상의 온도가 되어야 한다. 각 시험관의 입구에, 성냥개비의 불꽃을 끈 후에 불똥이 없어지기 전의 상태로 핀셋으로 집어넣고 어떤 변화가 일어나는지 확인한다.

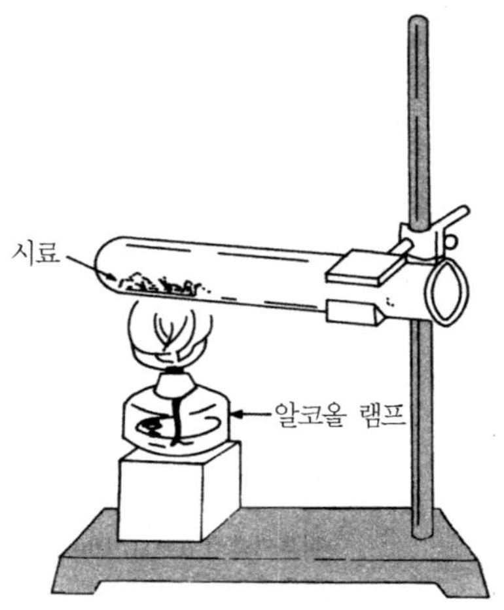

| 그림 3.1 | 산소의 제법

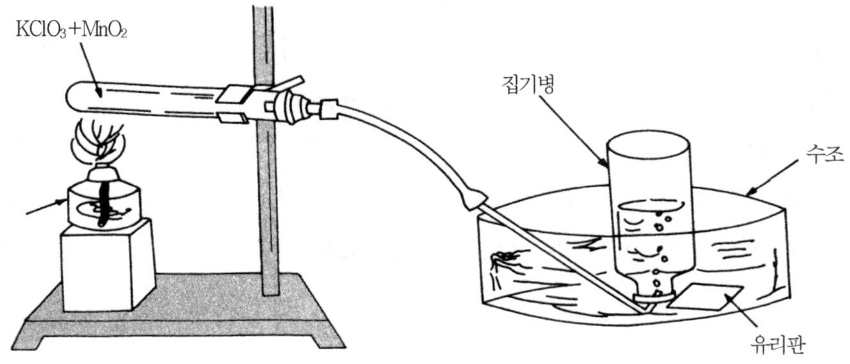

| 그림 3.2 | 산소 발생 장치

(2) 이번에는 $KClO_3$에 촉매인 MnO_2[2)]를 잘 혼합하여 또 다른 시험관에 넣고 가열하여 앞의 실험에서 $KClO_3$만을 가열했을 때와 비교하고자 한다.

[그림 3.2]와 같이 시험관의 입구가 약간 아래쪽으로 기울게 하여 장치를 꾸미고, 새는 곳이 없도록 연결 부위를 테프론 테이프나 파라필름으로 잘 밀봉한다. 이 실험에 사용할 반응 물질 $KClO_3$의 양은 필요한 산소량을 고려해(집기병 1 개 부피의 3 배 이상) 임의로 취하고, 촉매로 사용할 MnO_2는 $KClO_3$의 약 1/3 정도로 취한다. 약 3 g의 $KClO_3$와 약 1 g의 MnO_2 정도면 적당하다.

(3) 반응 물질을 천천히 가열해서 산소가 발생하기 시작하면, 집기병에 물을 가득 채워 수조에 거꾸로 세우고 유도관을 집기병 속에 넣는다. 이때 집기병 속에 공기가 들어가면 안 되므로 물을 가득 채운 집기병 위쪽을 유리판으로 막고 뒤집어서 넣도록 한다.

(4) 집기병에 기체가 채워지면 집기병을 유리판으로 막은 다음 꺼내어 실험대 위에 세워 놓는다. 이때 집기병에 물이 약간(약 5~10 ml) 남아있도록 한다(산화물 액성 측정에 필요함).

(5) 3 개의 집기병에 산소가 모두 채워지면 유도관을 물에서 꺼내고 버너를 끈다.

2. 산소의 성질

(1) 약 1 cm의 Mg 리본을 핀셋으로 집어서 불을 붙인 후 산소가 있는 집기병 속에 넣는다. 이때 불붙은 Mg 리본을 핀셋으로 잡은 채 집기병 입구를 유리판으로 잘 덮고 그 안에서 일어나는 변화를 관찰한다. 이 과정은 화재의 위험이 있으니 주의해야 한며, 너무 큰

---

2) MnO_2은 사용하기 전에 도가니(crucible)에서 가열하여 연소가 가능한 불순물을 제거하고 탄소화합물과의 접촉을 피하도록 주의한다.

리본을 쓰면 불꽃이 커질 수 있으므로 위험하다.

(2) 연소가 끝나면 핀셋에 붙은 연소 생성물을 집기병 바닥에 떨어뜨려서 바닥에 있는 물에 녹인 후, 물의 액성을 리트머스 시험지로 조사한다.

(3) 같은 방법으로 연소 순가락에 소량의 황을 담고 불을 붙인 뒤 잠시 후에 산소가 들어있는 다른 집기병에 넣고 덮은 후 병 안을 관찰한다. 병 밖에서 탈 때와 어떻게 다른가?

(4) 연소가 끝나면 위 (2)와 같은 방법으로 황 산화물이 녹은 물의 액성을 조사한다.

실험 03 - 실험보고서
산소의 제법과 성질

1. 금속이나 비금속 산화물은 물과 반응하여 서로 다른 액성을 띤다.
각 산화물의 보기를 들고 물과 반응한 후 액성을 말하여라.

	보기	액성
금속 산화물		
비금속 산화물		

2. 촉매의 종류와 촉매가 반응에 미치는 영향을 써라.

3. $KClO_3$ 1 g을 완전히 분해시키면 표준 상태에서 몇 cc의 산소가 발생하는가?

4. 가스 포집 방법을 설명하여라.

5. HgO, BaO_2, $NaNO_3$, $KClO_3$을 가열할 때 산소가 발생한 순서와 반응식을 기록하여라.
발생한 순서 :

반 응 식 :

BaO_2

$NaNO_3$

$KClO_3$

6. 산소를 포집할 때 집기병 속에 공기가 들어가면 안 된다. 그 이유는?

7. 약 1 l 의 산소를 발생시키는 데 필요한 $KClO_3$의 양을 계산하여라.

8. [그림 3.2]와 같은 장치를 꾸밀 때 시험관의 입구가 약간 아래로 기울게 하는 이유는 무엇인가?

9. 실험 결과를 아래 표에 기록하여라.

연소물질	산 화 물	리트머스 시험지의 변화	용액의 액성
Mg 리본			
S 가루			

10. 산소는 물질을 잘 태우는가? 그 현상을 무엇이라고 하는가?

실험 04
치약 만들기

1 목적

우리가 일상생활에서 매일 사용하고 있는 치약을 제조하고, 치약의 구성 성분과 효능에 대해서 알아본다.

2 원리

치약의 중요한 두 가지 성분은 불순물 또는 치석을 제거하는 연마제와 살균, 소독작용을 하는 소독제이다. 연마제로는 탄산칼슘과 탄산마그네슘 등 불용성 염을 주로 사용하며, 소독제로는 붕사가 많이 사용된다. 이 외에도 입 냄새를 없애는 향료, 치약의 색을 나타내는 색소 등이 첨가된다. 가정에서 사용하는 치약에는 이외에도 충치를 예방하기 위한 불소와 미백 효과를 나타내는 각종 약품 등이 포함되어 있다.

3 기구 및 시약

기구	• 저울	• 막자와 막자사발
	• 체	• 비커
	• 약수저	
시약	• 탄산칼슘	• 탄산마그네슘
	• 붕사	• 침강탄산칼슘
	• 박하유	• 향료

- 색소
- 에탄올
- 증류수
- 글리세린
- 베르가모트유
- 페놀프탈레인

4 실험방법

1. 치분 만들기

(1) 주원료인 탄산칼슘, 탄산마그네슘 그리고 붕사를 각각 10 g, 4 g, 1 g을 막자사발에 넣고 잘 섞는다.

(2) 추가로 박하유(향료) 두세 방울과 페놀프탈레인(색소) 약간을 가하고 잘 섞는다.

2. 치약 만들기

(1) 글리세린 5 ml와 물 7 ml를 가하여 글리세린 수용액을 만든다.

(2) 위에서 만든 치분에 글리세린 수용액을 가하면서 잘 섞어 반쯤 갠 치약을 만든다.

(3) 글리세린을 조금씩 더 가하여 잘 섞으면 입으로 불어도 가루가 날리지 않는 치약이 된다. 글리세린은 무색의 끈기 있는 액체로서 물에 잘 녹으며 수분의 증발을 막아준다.

(4) 만든 치약은 입이 넓은 병에 마개를 해서 보존한다. 치약에 글리세린 수용액을 더 가하면 더 차진 치약이 된다.

실험 04 - 실험보고서
치약 만들기

1. 치분 제조에 사용된 탄산칼슘, 탄산마그네슘, 붕사, 박하유, 페놀프탈레인의 역할이 무엇인지 생각해 보자.

2. 집에서 사용하는 치약의 구성 성분이 무엇인지 확인하고, 본 실험에서의 성분과 비교해 보자.

실험 05 산과 염기의 성질

1 목적

산 또는 염기가 리트머스 시험지나 지시약의 색을 어떻게 변화시키는가를 알아보고, 산이 금속 또는 어떤 산의 염과 어떻게 반응하는가를 조사하여 보고 산, 염기의 화학적 성질을 알아본다.

2 원리

산은 치환 가능한 수소 원자를 가지고 있으며 또 산화반응을 일으킬 수도 있기 때문에 공업적으로 매우 중요한 화학 약품이다. 그 중에서도 황산은 가장 중요한 화학 약품의 하나이며, 어떤 화학공업에서나 황산을 쓰는 과정이 포함되어 있다.

화학적인 성질을 볼 때 묽은 황산은 센 산으로 작용하며, 진한 황산은 센 산화력과 탈수작용을 나타낸다. 황산 이외의 염산, 질산 및 인산 등도 중요한 무기산이다. 질산은 황산과 같이 산화력이 뛰어난 산이지만 염산은 산화력이 없다.

산은 수용액 속에서 옥소늄(H^+) 또는 히드로늄(H_3O^+) 이온을 만든다.

$$HCl + H_2O \rightarrow H_3O^+ + Cl^-$$

$$H_2SO_4 + H_2O \rightarrow H_3O^+ + HSO_4^-$$

$$HNO_3 + H_2O \rightarrow H_3O^+ + NO_3^-$$

산에는 위에서 예로 든 무기산들 이외에도 아세트산, 옥살산 등 여러 가지 유기산들이 있다.

염기는 그 수용액이 떫거나 쓴맛을 나타내며, 미끈거리고 또 붉은 리트머스를 푸른색으로 변화시킨다(그러나 이 실험에서 절대로 맛을 보거나 손으로 만지지 마시오). 전형적인 염기는 NaOH, $Ca(OH)_2$ 등과 같이 금속의 수산화물들이지만 Na_2CO_3, CaO, NH_3 등도 수용액에서는 모두 수산화 이온을 만들며 염기로서 분류된다. 특히 염기 중에서 NaOH나 KOH 등과 같이 물에 잘 녹는 센 염기를 강염기 또는 강알칼리라고 부른다.

3 기구 및 시약

기구
- 150mm 시험관
- 시험관 받침대
- 스포이드
- 시약병
- 약수저
- 리트머스 시험지
- 구리
- 철(헌 못으로 충분)
- 나무조각, 설탕
- 핀셋
- 증류수
- 온도계

시약
- NaOH(고체)
- Na_2CO_3(공업용)
- 진한 H_2SO_4
- 3 M H_2SO_4
- 6 M HNO_3
- 진한 HCl
- 6 M HCl
- 마그네슘
- 아연
- NaCl
- $NaNO_3$
- 메틸오렌지
- 페놀프탈레인

4 실험방법

1. 산

(1) 150 mm 시험관에 증류수를 1/4쯤 채우고 여기에 각각 5 방울의 진한 염산을 가한다. 이 과정에서 열이 발생하는지 온도계를 사용해 확인한다.

(2) 이 용액에 리트머스 시험지를 담가서 색깔 변화를 확인한다.

(3) 위 용액을 반으로 나누고 메틸오렌지, 페놀프탈레인 지시약을 각각 1 방울씩 넣어 보고 색깔 변화를 확인한다.

(4) 휘발성인 산은 그 산의 염에다 비휘발성 산을 가하여 만들 수 있다. 대표적인 휘발성

산은 HCl, HNO_3 등이고, 비휘발성 산으로는 H_3PO_4나 H_2SO_4 등이 이용된다. 약 0.2 g의 NaCl, $NaNO_3$을 2 개의 시험관에 각각 넣고 각 시험관에다 진한 황산 3~4방울씩을 떨어뜨린 다음, 시험관 입구에다 젖은 리트머스 시험지와 마른 리트머스 시험지를 갖다 대어 색깔이 변하는지 확인한다.(아무 변화가 없을 때에는 시험관을 조금 가열한다).

(5) 마그네슘, 아연, 구리, 철 조각을 각각 시험관에 넣은 다음 각 시험관에 6 M HCl을 약 10 ml 정도 가하고 어떤 변화가 일어나는지 관찰한다.

(6) 위의 1-(5) 실험을 3 M H_2SO_4와 6 M HNO_3으로 되풀이하고 차이점을 비교한다.

2. 염기

(1) 고체 NaOH의 작은 알갱이 1~2개를 시험관에 넣고 물을 10 ml 정도 가해 열(온도계 사용)이 발생하는지 확인한다.

(2) 이 용액에 리트머스 시험지를 담가서 색깔 변화를 확인한다.

(3) 1-(3) 과정을 되풀이하여 지시약에 따른 색깔 변화를 확인한다.

(4) NaOH 대신에 Na_2CO_3을 써서 위의 2-(1), (2) 과정을 되풀이한다.

TIP

1. 묽은 산이나 염기는 물론이지만, 특히 진한 산이나 염기는 피부를 태우거나 점막을 손상시킨다. 따라서 산과 염기는 조심스럽게 다루어야 한다. 만일 부주의로 엎질렀을 때는 충분한 양의 물로 씻어내고 탄산수소나트륨(NaHCO3)등으로 중화시켜야 한다.
2. 진한 황산에 물을 부으면 폭발이 일어나므로 반드시 물에다 진한 황산을 서서히 조금씩 붓도록 하여라.

실험 05 - 실험보고서
산과 염기의 성질

◈ 산

1. 물에 용해될 때 열을 내놓는 산은 어느 것인가?
   이 산들은 지시약에 어떤 영향을 주는가?

2. 다음 염에 황산을 가했을 때 어떤 변화가 일어나는지 기록하고, 이 변화에 대한 반응식을 써라.

   a. NaCl : 관찰된 사실
      반응식

   b. $NaNO_3$: 관찰된 사실
      반응식

3. 다음 표에다 반응이 일어났는지 아닌지를 기록하여라.

	Mg	Zn	Cu	Fe
6 M HCl				
3 M H_2SO_4				
6 M HNO_3				

4. 각 산들의 탈수 작용이 어떠하였는지 기록하여라.
   a. H_2SO_4 :
   b. HCl :
   c. HNO_3 :

◈ 염기

1. NaOH가 물에 녹을 때 열을 내놓는 이유를 설명하여라.

2. 리트머스 시험지에 어떤 변화를 나타내었는가?

3. 염기는 지시약에 어떤 변화를 주는가?

4. Na_2CO_3 수용액은 리트머스 시험지에 어떤 영향을 주는가?

5. Na_2CO_3이 물에 녹을 때 어떤 화학 반응을 일으키는가?

실험 06
산-염기적정

1 목적

지시약을 이용한 산-염기 적정을 통하여 산-염기 적정법을 이해한다.

2 원리

적정은 용액(A) 속에 있는 어떤 성분의 양이나 농도를 측정할 목적으로 이미 농도를 알고 있는 다른 용액(B)을 시료용액에 첨가시키는 과정이다. 농도를 알고 있는 용액 B 내의 어떤 성분들은 미지 농도의 용액 A 내에 있는 다른 성분들과 반응한다. 농도를 알고 있는 용액 B의 첨가된 부피는 뷰렛(buret)을 이용해 측정한다([그림 6.1] 참고).

일반적으로 농도를 모르는 시료 용액 A를 플라스크에 넣고, 농도를 알고 있는 용액(titrant : 적정시약이라 부른다) B를 뷰렛에 가득 채운 다음, 뷰렛의 콕크를 열어 적정에 필요한 양이 시료 용액에 첨가될 때까지 계속 첨가한다.

정확히 필요한 양이 첨가되었을 때를 적정의 당량점(equivalent point)이라 부른다. 당량점을 알아내는 방법은 흔히 지시약이라 부르는 물질을 반응 플라스크에 조금 넣으면 쉽게 확인할 수 있다. 지시약은 조건에 따라 색이 변하는 물질로서, 당량점에 도달했을 때 적정시약과 반응하여 색깔이 변하는 물질을 선택한다. 색이 나타난 시점을 적정의 종말점(end point)이라 부른다. 몇몇 지시약들은 처음에 특정 색깔을 띠지만 종말점에서 반응하여 다른 색을 나타내며, 또 다른 지시약들은 처음에는 무색인데 종말점에서 색깔을 띠는 형태로 변화한다.

사용된 적정 시약의 부피는 뷰렛으로 측정할 수 있다. 적정 시약의 농도는 이미 알고 있으므로 적정에 사용한 부피를 알면 첨가된 적정 시약 성분의 몰수를 알 수 있다. 따라서 구하려는 시료 용액 성분의 몰수 또는 그램 수는 두 성분을 포함하는 균형 잡힌 방정식을 이용하여 화학양론적(stoichiometric)으로 계산할 수 있다. 만약 농도를 모르는 용액의 몰농도(molarity)를 계산하려면 적정하기 전, 후의 시료 용액의 부피 변화를 정확히 측정하는 것이 필요하다. 몰 농도는 용액 내에 있는 성분의 몰수를 이 부피로 나눔으로써 알 수 있다.

예를 들어 생각해보자. 만약에 0.200 M NaOH 용액 30.2 ml가 HCl 용액의 시료 25 ml를 적정 하는데 필요하였다면 HCl 용액의 몰농도는 얼마인가? 관련된 화학반응은 다음과 같다.

$$OH^-(aq)(s) + H_3O^+(aq) \rightarrow 2\ H_2O(l)$$

($Na^+(aq)$와 $Cl^-(aq)$는 구경꾼 이온이다.) 반응에 소요된 OH^- 이온의 몰수는 사용된 부피와 몰농도로 알 수 있다.

$$30.2\text{ml}\left(\frac{1l}{10^3\text{ml}}\right)\left(\frac{0.200\text{mol OH}^-}{1l}\right) = 0.00604\text{ mol OH}^-$$

위 중화 적정반응식에서 H_3O^+와 OH^- 이온은 1:1 몰비로 반응하므로, HCl 용액 25 ml 내에 있는 H_3O^+ 이온의 몰수는 다음 식에 의해 구할 수 있다.

$$0.00604\text{ mol OH}^-\left(\frac{1\text{ mol H}_3\text{O}^+}{1\text{ mol OH}^-}\right) = 0.00604\text{ mol H}_3\text{O}^+$$

마지막으로, 산 용액의 몰농도는 H_3O^+mol 수를 부피로 나눔으로써 얻을 수 있다.

$$\left(\frac{0.00604\text{ mol H}_3\text{O}^+}{25.0\text{ ml}}\right)\left(\frac{10^3\text{ml}}{1l}\right) = 0.242\text{M H}_3\text{O}^+$$

이를 종합하면 다음과 같이 한 번에 전체적인 계산을 할 수 있다.

$$\left(\frac{30.2\text{ml}}{25.0\text{ml}}\right)\left(\frac{0.200\text{ molOH}^-}{1l}\right)\left(\frac{1\text{ mol H}_3\text{O}^+}{1\text{ mol OH}^-}\right) = 0.242\text{M H}_3\text{O}^+$$

1. 센 산과 센 염기의 중화

당량점은 pH 7이며, 당량점 전 후에서는 적정액의 아주 적은 양에 의해서도 pH 변화는 대단히 크기 때문에 pH 4~10에서 변색하는 지시약을 쓴다.

(예) 메틸레드(붉은색 4.2~6.3 노란색), 메틸오렌지(붉은색 3.1~7.9 노란색), 페놀프탈레인 (무색 8.0~10.0 분홍색).

2. 약한 산과 센 염기의 중화

적정 결과 생기는 염이 가수분해되어 알칼리성을 나타내므로 당량점은 pH > 7이다. 따라서 보통 pH 7~10에서 변색하는 지시약을 쓴다.

(예) 페놀프탈레인, 티몰프탈레인(무색 9.3~10.5 푸른색)

3. 센 산과 약한 염기의 중화

생성된 염의 가수분해로 인하여 당량점에서는 pH < 7이므로 pH 3~7에서 변색되는 지시약을 사용한다.

(예) 메틸오렌지, 콩고빨강(무른색 3.0~5.2 붉은색), 메틸레드.

이 실험에서는 고전적인 방법으로 산·염기 적정의 당량점 또는 농도를 결정하고 지시약의 변화를 관찰하여 산·염기 적정법을 습득한다.

3 기구 및 시약

기구
- 뷰렛 2개와 스탠드(stand)
- 500 ml Florence 플라스크(둥근바닥 플라스크)
- 눈금실린더
- 250 ml Erlenmeyer 플라스크(삼각 플라스크)
- 깔때기
- 비커

시약
- 0.2 M 염산
- 0.2 M NaOH
- 페놀프탈레인 지시약
- 식초

4 실험방법

1. 대략적인 0.2 M NaOH 용액의 조제

(1) 깨끗한 500 ml 둥근바닥 플라스크와 마개를 준비한다.

(2) 약간의 증류수로 플라스크를 헹군 다음, 6 M NaOH 용액 약 17 ml를 취하여 플라스크에 넣는다(위험 : 강염기 용액이므로 조심할 것. 만약 엎질렀다면 즉시 실험 조교에게 알릴 것). 용액의 메니스커스를 500 ml 눈금에 맞추어 증류수를 채운다. 플라스크의 마

개를 막고 조심스럽게 흔들어서 용액을 섞는다.

2. NaOH 용액의 표준화(standardization)

(1) 두 개의 뷰렛을 깨끗이 씻고 헹군 다음, 하나의 뷰렛에 NaOH 용액을 채운다.

(2) 깨끗이 건조시킨 비커에 약 100 ml의 HCl 표준 용액(농도를 정확히 아는 용액)을 준비한다. 이 용액을 사용하여 두 번째 뷰렛을 헹군 다음 가득 채운다. 또 다시 뷰렛을 채워야 할 수도 있으니 여분의 용액을 남겨둔다.

(3) 각각의 뷰렛은 0 ml 눈금의 선에 용액의 메니스커스를 맞추거나, 각 뷰렛에 대한 처음 부피를 읽고 기록해둔다.

(4) 깨끗한 250 ml 플라스크(건조된 것이 아니어도 된다)에 약 25 ml의 산을 흘려보낸다. 페놀프탈레인 지시약 3 방울을 첨가하고, 약 10 ml의 증류수로 플라스크의 안쪽 면을 세척하여 벽에 묻었을 수도 있는 산 용액을 내려 보낸다.

(5) NaOH가 담긴 뷰렛을 통해, 종말점에 도달할 때까지 NaOH 용액으로 산 용액을 적정한다. 이때 염기 용액이 가해지는 부분에서는 경미한 분홍색이 나타나는데, 이는 첨가된 염기가 지시약을 변색시키는 것이며, 용액을 젓거나 흔들어 주면 분홍색은 금방 사라진다.

종말점에 가까워지면 용액 전체가 분홍색으로 변하며, 분홍색이 사라지는 시간이 점차 길어진다. 이러한 변화가 일어났을 때 염기의 첨가 속도를 줄이고 조심스럽게 종말점에 도달하도록 한다. 플라스크에 있는 용액이 매우 밝은 분홍색으로 변하고 30초나 그 이상의 시간 동안 분홍색이 남아 있을 때, 종말점에 도달한 것이다.

(6) 만약 NaOH 용액을 과도하게 첨가하여 종말점을 지나쳐 버렸다면, 첫 번째 뷰렛에 담긴 산을 약간 더 첨가하여 용액의 분홍색을 사라지게 해야 하는데, 이를 역적정(back titration)이라 부른다. 그런 다음 조심스럽게 염기를 첨가하면서 종말점에 도달하면, 두 뷰렛의 마지막 부피를 읽고 기록한다.

(7) 여기서 NaOH 용액의 몰농도는 다음 두 식에 의해 구할 수 있다.

$$H_3O^+(aq) + OH^-(aq) \rightarrow 2\ H_2O(l)$$

$$M_1V_1 = M_2V_2$$

여기서 M은 몰농도, V는 부피이고, 1, 2는 각각 HCl, NaOH임

HCl과 NaOH는 몰비 1:1로 반응이 진행되며, 당량점(종말점)에서 용액 내 H_3O^+와 OH^- 이온의 몰수는 서로 같다. 따라서 이미 농도를 알고 있는 HCl 용액의 부피를 알면 용액

내 H_3O^+($M_{acid}V_{acid}$)의 몰수를 계산할 수 있으며, 이는 반응한 OH^-의 몰수와 같다. 마지막으로, 이 몰수를 사용된 NaOH 염기의 부피로 나누면 이 적정에 대한 NaOH 용액의 몰농도를 얻을 수 있다.

3. 식초에 포함된 아세트산의 분석

(1) 앞에서 사용한 산용 뷰렛을 씻고, 30 ml의 증류수로 헹군다.

(2) 분석하려는 식초 약 50 ml를 비커에 준비한다. 약간의 식초 용액으로 뷰렛을 헹구고 뷰렛에 식초 용액을 가득 채운다.

(3) 다른 뷰렛에는 앞 실험에서 농도를 측정한 표준 NaOH 용액을 채우고, 각 뷰렛의 처음 부피를 읽고 기록한다.

(4) 깨끗한(건조되지 않아도 무방) 250 ml 플라스크에 식초 용액을 5~10 ml 정도 흘려보낸다. 약 20 ml의 증류수로 플라스크의 안쪽 면을 세척한다.

(5) 페놀프탈레인 지시약 3 방울을 떨어뜨리고 종말점에 가까워질 때까지 NaOH 용액으로 적정한다. 종말점에 대한 것은 실험절차 2를 참조한다. 두 번 이상 식초에 대한 적정을 반복한다.

(6) 앞 실험 2에서와 같은 방법으로 식초 중의 아세트산 농도를 구할 수 있다. 먼저 사용된 OH^-의 몰수를 계산하고($M_{염기}V_{염기}$), 반응한 아세트산의 몰수는 OH-의 몰수와 같으므로, 이를 식초의 부피로 나누면(mol $HC_2H_3O_2/V_{식초}$) 식초에 포함된 아세트산의 몰농도를 계산할 수 있다.

$$HC_2H_3O_2(aq) + OH^-(aq) \rightarrow H_2O(l) + C_2H_3O_2^-(aq)$$

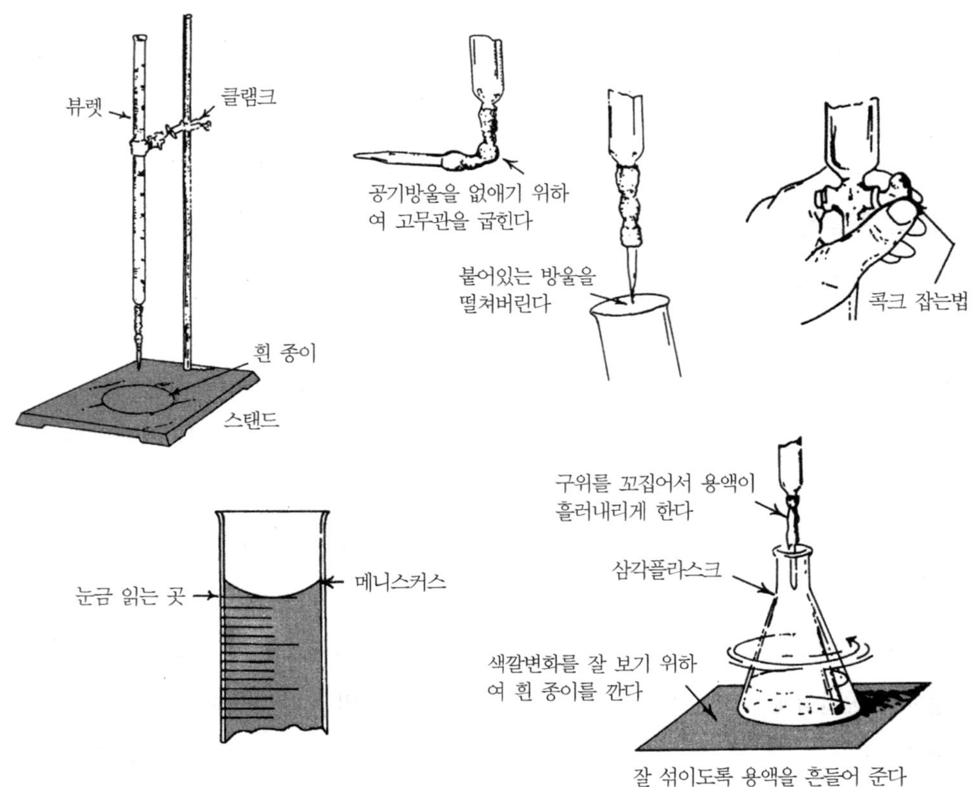

| 그림 6.1 | 적정 방법

4. 식초중의 아세트산 질량 퍼센트

식초의 밀도를 1.0 g/㎖로 가정하면 식초에 있는 아세트산의 질량 퍼센트를 계산하는 것이 가능하다. 이것은 다음의 연속적인 계산으로 구할 수 있다.

$$\left(\frac{\text{mols AA}}{1l\ \text{vinegar}}\right) \rightarrow \left(\frac{\text{mols AA}}{1\text{ml vinegar}}\right) \rightarrow \left(\frac{\text{mols AA}}{1g\ \text{vinegar}}\right) \rightarrow \left(\frac{g\ \text{AA}}{g\ \text{vinegar}}\right) \rightarrow \%\text{AA}$$

식초 내에 있는 아세트산의 몰농도에 대한 실험값을 이용하여 식초내의 아세트산 질량 퍼센트를 계산한다.

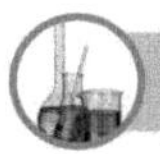

실험 06 - 실험보고서
산-염기적정

1. NaOH 용액의 표준화
   ① 적정에 소요된 NaOH 용액의 부피 ______________ml
   ② HCl 표준용액 부피 ______________ml
   ③ HCl 표준용액의 몰농도 ______________M
   ④ NaOH 용액의 계산된 몰농도 ______________M
   ⑤ NaOH 용액의 평균 몰농도 ______________M
   계산 :

2. 식초에 포함된 아세트산의 분석
   ① 적정에 소요된 NaOH 용액의 부피 ______________ml
   ② 식초의 부피 ______________ml
   ③ NaOH 용액의 몰농도 ______________M
   ④ 식초 중의 아세트산의 몰농도(계산치) ______________M
   ⑤ 식초 중의 아세트산의 평균 몰농도 ______________M
   계산 :

3. 식초 중의 아세트산 질량 퍼센트 ______________%
   계산 :

4. 뷰렛의 눈금을 읽을 때 주의할 점을 논하라.

5. 부피분석에서 종말점을 결정하는 데 쓰이는 방법을 조사하여 보아라.

실험 07

기체상수 R의 결정

1 목적

일정량의 산소기체를 발생시켜, 기체의 상태를 기술하는데 사용되는 기본상수인 기체상수의 값을 계산하여 본다.

2 원리

대부분의 기체들은 비교적 높은 온도와 낮은 압력 하에서 이상기체의 상태방정식 $PV = nRT$를 만족시킨다. 그러므로 기체상수(R)를 결정하려면 이 식에 들어 있는 다른 값들을 측정하면 된다. 이 실험에서는 산소 기체의 압력(P), 부피(V), 몰수(n) 및 온도(T)를 측정한 후 위의 상태방정식을 써서 R값을 계산하고자 한다.

산소 기체는 MnO_2촉매를 넣고 $KClO_3$을 가열하여 만든다. 시료($KClO_3$)의 중량 감소 값으로부터 발생된 산소 기체의 몰수를 계산할 수 있다. 모든 기체 1 mol의 부피는 표준 상태에서 22.4 l를 차지한다. 따라서 산소 1 mol은 32 g이고 이것이 차지하는 부피는 표준 상태에서 22.4 l가 된다.

본 실험에서는 산소 32 g의 부피가 표준 상태에서 22.4 l가 되는가를 관찰하고자 한다. 이 실험은 $KClO_3$에 촉매(catalyst)인 MnO_2를 넣고 가열하여 산소를 발생시킴으로써 쉽게 수행할 수 있다.

$$2KClO_3 \xrightarrow{MnO_2} 2KCl + 3O_2$$

즉 산소를 발생시키기 전과 후의 $KClO_3$ 무게를 정확히 측정하면 그 차이로부터 생성된 산소의 무게를 알 수 있다. 또한 발생한 산소를 모아서 그 부피를 측정하면 산소 32 g의 부피가 표준상태에서 22.4 *l*임을 확인할 수 있다.

실험에서 얻은 산소의 부피는 표준 상태로 보정해야 하며, 산소 기체가 수증기로 포화되어 있다는 사실도 고려해야 한다. 기체의 전체 압력(total pressure)은 산소 및 수증기의 부분압(partial pressure)의 합과 같다. 따라서 산소의 부피를 표준 상태로 보정할 때에 쓰는 산소의 압력은 전체 압력(대기압)에서 물의 부분압을 빼야 한다.

3 기구 및 시약

기구	• 시험관	• 증발접시, 도가니, 석면판
	• 1 *l* 비커와 시약병	• 온도계
	• 눈금실린더	• 어림저울
	• 핀치클램프	• 고무마개, 유리관, 고무관
	• 스탠드, 클램프	• ㄱ자관
	• 실리콘 tube	• U자관
시약	• $KClO_3$	• MnO_2

4 실험방법

(1) [그림 7.1]과 같은 기체 발생장치를 준비한다. 마개와 유리관의 연결 부분을 통하여 기체가 새어나가지 않는지 확인하라. 비커 쪽으로 연결된 유리관은 시약병의 바닥에 닿을 정도로 길어야 한다.

(2) 약 2 g의 $KClO_3$를 증발접시에 담고 작은 불꽃으로 조심스럽게 가열하여 건조시킨다.

(3) 약 0.2 g의 MnO_2를 도가니에 넣고 약 1~2분 정도 가열한다.

(4) 시료와 촉매를 시험관에 넣고 무게를 측정한다.

(5) 시약병에 물을 가득 채우고 시료를 넣은 시험관을 클램프를 사용하여 그림과 같이 거의 수평이 되도록 고정시킨다. 시료가 시험관 벽에 넓게 퍼지도록 하여야 하지만 시료가 마개에 닿아서는 안 된다. 시약병과 비커를 연결한 U자관에 물이 가득 채워지도록 하고, 실험장치의 모든 연결 부분이 완벽한가를 확인한다.

(6) 비커의 높이를 조절하여 비커와 시약병의 수면의 높이가 같게 되도록 핀치 클램프를 잠근다.

(7) 비커의 물을 모두 버리고 비커를 원래의 위치에 놓은 후 핀치 클램프를 다시 열어준다.

(8) 작은 불꽃으로 시험관 전체를 서서히 가열한다. 산소 기체가 발생하면 시약병의 물이 비커로 밀려나오게 된다. 이때 산소 기체가 너무 급격히 발생하지 않도록 주의하면서 시험관을 서서히 가열한다.

(9) 시약병에서 밀려나온 물의 양이 500~600 ml가 되면 가열을 멈추고 시험관이 식을 때까지 잠시 기다린다.

(10) 비커의 높이를 조절하여 비커와 수면의 높이를 같게 한 후에 핀치 클램프를 잠근다.

(11) 눈금 실린더를 사용하여 비커 속의 물의 부피를 측정하고, 시험관의 무게를 다시 측정한다. 대기 압력을 기록하고 시약병의 물의 온도를 측정한다.

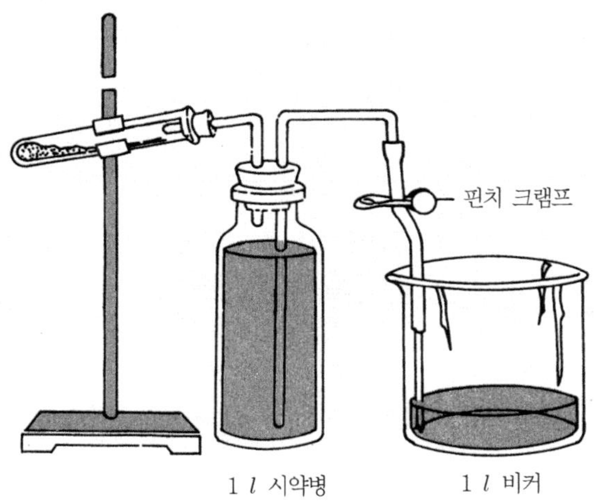

| 그림 7.1 | 기체 발생장치

TIP

1. 시험관을 가열할 때 시약병의 물이 가열되지 않도록 조심하여야 한다. 시험관과 시약병 사이를 석면판 등으로 차단하면 좋다.

실험 07 - 실험보고서
기체상수 R의 결정 실험

1. 실험 결과

① 가열하기 전 시료를 넣은 시험관의 무게 ____________

② 가열한 후 시료를 넣은 시험관의 무게 ____________

③ 발생한 산소의 무게 ____________

④ 발생한 산소 기체의 몰수 $\frac{③(W)}{32.0}$ ____________

⑤ 산소 기체의 부피 ____________

⑥ 대기압 ____________

⑦ 물의 온도 ____________

⑧ 물의 증기압력 (　　) ____________

⑨ 산소 기체의 부분압력 ____________

⑩ 기체상수 $R = PV/nT$ ____________

2. 기체상수의 실험값과 문헌의 값을 비교하고 오차의 요인은 무엇인가를 설명하여라.

3. 시험관이 실온으로 식기 전에 부피를 측정하면 실험 결과에 어떤 영향이 있겠는가?

보일-샤를의 법칙

1 목적

실험을 통하여 기체의 부피 변화에 미치는 압력과 온도의 영향을 알아본다.

2 원리

1. 보일의 법칙

일정량의 기체의 부피는 일정한 온도에서 압력에 반비례한다. 이 관계를 수학적으로 표시하면 다음과 같다.

$$V \propto \frac{1}{P}$$

만약 일정량의 기체에 대해서 $P_{1,}\ V_1$이 최초 상태이고 $P_{2,}\ V_2$가 최종 상태라고 하면

$$P_1 V_1 = P_2 V_2$$

$$V_2 = V_1 \times \frac{P_1}{P_2}$$

와 같이 나타낼 수 있는데,

즉, "최종부피=초기부피×압력효과" 를 나타낸다. 이때 "압력효과" 란 초기압력과 최종압력의 비를 의미한다.

2. 샤를의 법칙

샤를과 그의 공동연구자들은 일정량의 기체에 대해서 압력이 일정할 때 온도의 변화에

따르는 부피 변화를 관찰하였다. 샤를은 연구를 통해 극단적으로 낮은 온도에서 기체의 부피가 이론적으로 0이 된다는 것을 밝혔고, 이 온도를 절대영도(absolute zero)라 정의하였다. 이 온도는 –273.16℃로, 이를 0 K로 하는 온도 단위를 절대온도(absolute temperature) 또는 켈빈온도(kelvin temperature)라 한다. 샤를의 법칙은 일정한 압력에서 일정한 질량의 기체의 부피는 절대온도에 비례한다는 것이다. 만약 일정량의 기체에 대해 T_1, V_1이 최초 상태이고 T_2, V_2가 최종 상태라고 하면

$$\frac{V_1}{T_1} = \frac{V_2}{T_2}$$

가 성립한다. 여기서 V_1은 T_1에서의 기체의 부피이고 V_2는 T_1에서의 기체의 부피이다. 위의 식은

$$V_2 = V_1 \times \frac{T_2}{T_1}$$

와 같이 표현될 수 있는데, 즉 "최종부피=초기부피×온도효과"를 나타낸다. 이때 "온도효과"란 켈빈온도로 나타낸 초기온도와 최종온도의 비를 의미한다.

3 기구 및 시약

기구

- 보일-샤를의 법칙 기구 ([그림 8.1] 참조)
- 스탠드
- 클램프 (2개)
- 고무관
- 비커 (1 *l*)
- 가열장치
- 온도계 (–5℃~100℃)
- 고무마개
- 둥근바닥플라스크 (100 ml)
- 눈금실린더 (100 ml)
- 유리관 (외경 6 mm)
- 얼음
- 눈금자

4 실험방법

1. 보일의 법칙

(1) 보일의 법칙 실험에 응용되는 기구를 [그림 8.1]에서 나타낸 바와 같이 설치한다. 눈금이 표시된 유리관 A, B를 클램프를 이용해 하나의 스탠드에 고정하고, 두 유리관을 고무관 C로 연결한다.

이 실험에서 주로 사용하는 액체는 수은이지만 물을 이용할 수도 있다. 왜냐하면 표면 장력이 큰 수은은 휘발성이 있고 증발되는 수은 증기는 매우 독성이 강하기 때문이다. 만약 실수로 실험대 또는 실험실 바닥에 수은을 엎질렀다면 수은을 솔이나 빗자루로 한 곳에 모아 병에 담고, 홈이나 갈라진 틈에 아직 남아 있는 미량의 수은은 황가루를 뿌려 황화수은(HgS) 아말감으로 만들어 제거해야 한다.

● 본 실험에서는 안전상 물을 이용해 실험하기로 한다. 이때 10 m의 높이 차가 1 기압 (760 torr)에 해당하므로, 유리관이 충분히 길어야 차이를 볼 수 있다. 즉 양쪽 물 높이가 1 m 정도 생긴다면 압력차는 0.1 기압에 해당하며 부피 변화도 1/10 정도일 것이다. 이를 고려해서 실험할 것.

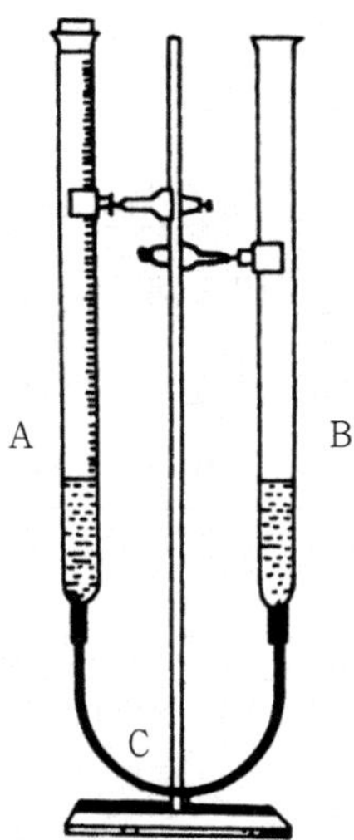

| 그림 8.1 | 보일의 법칙에 사용되는 기구

(2) 씻기병 또는 깔대기를 이용해 A 관에 물을 부어준다. A 관의 1/2 가량이 공기로 채워지도록 B 관의 높이를 조절한 후 A 관의 마개를 막는다. 공기가 관의 연결 부위나 마개를 통해 새지 않는지 점검한다. B 관의 높이를 2~30 cm 정도 올려서 고정하고 물 높이를 관에 표시한 후 1~2 분 정도 방치해 두면 알 수 있는데, 시간이 지나도 물 높이가 변하지 않으면 새지 않는 것이다.

(3) 실험실의 압력과 온도를 확인한다. 이 압력이 보고서에 기록해야 하는 "최초 실험의 전체 압력"에 해당한다.

(4) 두 유리관 A, B의 물 높이가 같도록 B 관의 위치를 조절하여 고정시킨다. 그런 후 A

관의 전체 길이와 물 높이 눈금값을 이용해 A 관의 기체의 부피를 계산하고 기록한다.

(5) 다음은 B 관을 고무관 C가 허용하는 최대의 높이까지 올리고 그 위치에서 클램프를 고정시킨다. 이때 B 관의 액체가 고무관 C로 전부 들어가지 않도록 주의한다.

(6) 그런 다음 A 관과 B 관 사이의 물 높이의 차를 미터자(단위:mm)를 이용하여 정확히 측정한다. 그 측정한 값을 기압계의 압력에 더하면 그 값이 기체에 더해진 전체 압력에 해당한다. 즉 기체에 가해진 전체 압력은 기압계의 압력에 물 높이 차에 의한 압력을 합한 값이 될 것이다. 만약 B 관의 물 높이가 A 관보다 낮은 경우에는 물 높이 차에 의한 압력을 기압계의 압력에서 빼주어야 한다.

(7) 두 관의 물 높이의 차와 전체 압력(기압계의 압력+물 높이의 차)을 기록한다. 그런 다음 A 관 내의 기체의 부피를 주의 깊게 읽은 후 기록한다.

(8) 위의 실험을 각 6회 실시하여 부피와 전체 압력의 곱을 계산한 후 그 값을 기록한다.

수은주의 높이와 관련된 압력 단위는 torr인데, 1 기압에서 수은주의 높이는 760 mm이고 이에 해당하는 압력이 760 mmHg이며 이를 760 torr로 부른다. 그러므로 torr단위로 표시된 압력은 수은의 mm로 나타낸 압력과 같은 숫자로 표현된다.

수은 대신 물을 사용하는 경우에는, 1 기압에서 물 기둥의 높이가 10.13 m라는 점을 이용해 환산해주어야 한다.

$$\text{물 기둥 1 mm의 압력} = 1\ \text{mmH}_2\text{O}\frac{760\ mmHg}{10,130\ mmH_2O} = 0.075\ \text{mmHg} = 0.075\ \text{torr}$$

2. 샤를의 법칙

(1) 1 l의 비커에 약 600 ml의 증류수를 넣고 버너로 70~80℃까지 가열하면서, 다음 실험을 위해 다른 1 l 비커에 얼음과 물을 함께 넣어 준비해 둔다.

(2) 건조시킨 100 ml 둥근 바닥 플라스크와 플라스크에 맞는 크기의 고무마개를 1 개씩 준비한다. 고무마개에 구멍을 하나 뚫고, 직경 6 mm 유리관(길이 5 cm)을 끼워 고무마개 위로 유리관이 약 2 cm 정도 나오도록 한다[그림 8.2의 (a)]. 이때 미리 유리관의 양 끝을 불로 달구어 매끄럽게 하는 것을 잊지 말 것. 플라스크 입구를 이 고무마개로 막는다.

(3) 비커의 물이 70~80℃가 되면 옮겨 실험대 위에 놓는다. 고무마개로 막은 100 ml 플라스크를 클램프로 고정시켜 비커의 더운 물 속에 약 5 분 동안 넣어두어 온도 평형에 도

달하도록 한 다음([그림 8.2]의 (b)), 물 온도를 측정하고 기록한다. 이 온도는 100 ml 플라스크 안에 있는 공기의 온도와 같다.

(6) [그림 8.2]의 (b)와 같이 비커의 더운물 표면 위에 나와 있는 유리관 입구를 집게손가락으로 누른 다음 플라스크를 조심스럽게 꺼내어 얼음과 물이 들어 있는 다른 비커 속에 거꾸로 넣는다([그림 8.2]의 (c) 참조). 이때 비커의 얼음이 녹았으면 얼음을 다시 넣는다.

(7) 플라스크를 클램프로 고정하여 약 5 분 동안 물에 담가놓는다(공기는 얼음물의 온도와 같게 될 것이다). 5 분 후 얼음과 물이 들어 있는 비커 속의 물의 온도를 기록한다.

(8) 5 분 후에 비커 속에 있는 플라스크를 들어 올려, 플라스크에 들어온 물의 높이가 비커의 물 높이와 같도록 조절한다. ([그림 8.2]의 (d)). 다음에는 집게손가락으로 유리관의 끝을 잡아 플라스크를 똑바로 놓는다. 고무마개를 제거한 후, 100ml 눈금실린더를 사용하여 플라스크 속으로 들어간 물의 양을 측정하여 기록한다.

(9) 마지막으로 100 ml 플라스크의 정확한 부피를 구하기 위해, 고무마개 밑의 높이까지 물로 채운다. 100 ml 눈금실린더를 사용하여 플라스크에 채워진 물의 전체 부피를 구하고 기록한다.

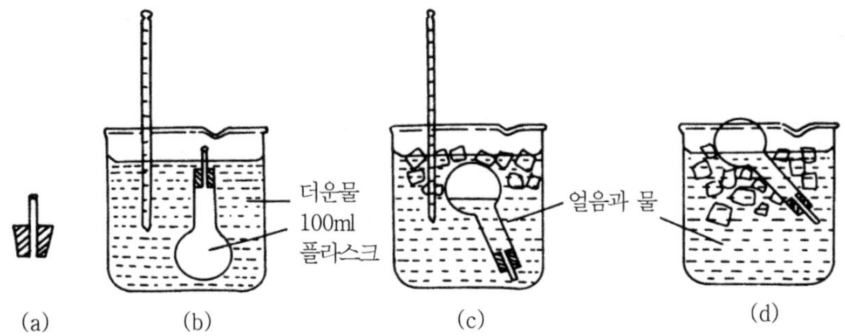

| 그림 8.2 | 샤를의 법칙에 사용되는 장치의 조작

실험 08 - 실험보고서
보일-샤를의 법칙

1. Boyle의 법칙

⇨ 요약

결과 및 계산

기압계의 압력 ________________torr

실험실의 온도 ________________℃

	A 관의 부피 (ml)	물의 높이차 (mm)	물의 압력 (torr)	전체 압력 (torr)	P×V (torr·ml)
최초의 실험					
1차 실험					
2차 실험					
3차 실험					
5차 실험					
6차 실험					

2. Charles의 법칙

⇨ 요약

결과 및 계산

① 더운물의 온도	________℃
② 얼음물의 온도	________℃
③ 플라스크의 전체 부피	________ml
④ 플라스크로 들어간 물의 부피	________ml
⑤ 플라스크 속의 찬 공기의 부피 (③ - ④)	________ml
⑥ 플라스크 속의 찬 공기의 부피 (이론값)	________ml
⑦ 오차 ([⑥−⑤] / ⑥ × 100)	________%

3. 기체의 부피(y) vs 전체 압력(x), 기체의 부피(y) vs 1/전체 압력(x)의 도표를 각각 그리고 각 곡선의 형태를 설명하라.

4. 일정한 온도에서 수행한 보일의 법칙 실험 결과로부터 압력과 기체 사이에 어떤 결론을 내릴 수 있는가?

5. 샤를의 법칙 실험 2-(8)에서, 유리관의 끝을 손가락으로 막기 전에 플라스크의 안쪽과 바깥쪽의 물의 높이를 같도록 해야 하는 이유는 무엇인가?

6. 샤를의 법칙 실험에서 오차가 생겼다면, 그 요인이 무엇인지 생각해 보자.

실험 09

화장크림 제조

1 목적

일상생활에서 흔히 사용하는 화장크림을 합성하고 그 제조 과정을 이해하도록 한다.

2 원리

스테아르산(stearic acid, $C_{17}H_{35}COOH$)를 KOH 또는 K_2CO_3로 중화하면 화장크림이 된다. 이 크림을 피부에 문지르면 그 모습이 사라지게 되어 이를 바니싱(vanishing, 없어진다는 뜻) 크림이라 한다. 또한 지방류를 $Na_2B_4O_7$ 또는 alkali성으로 유화시켜 얻은 물질을 피부에 바르면 차가운 느낌을 주게 되어 콜드크림이라 한다.

3 기구 및 시약

기구
- 200 ㎖ 비커
- 교환봉
- 중탕냄비
- 목장갑

시약
- 스테아르산
- 글리세린
- 밀납
- 수산화칼륨
- 유동 파라핀
- $Na_2B_4O_7 \cdot 10H_2O$(붕사)
- 라놀린
- 올리브유
- 향료
- 피마자유

4 실험방법

1. 바니싱크림의 제조

(1) 500 ml 비커(A)에 스테아르산 8 g을 담고 80~85℃의 물 중탕에서 녹인다.

(2) 200 ml 비커(B)에 증류수 35 ml를 넣고, 수산화칼륨 0.7 g, 글리세린 5 ml을 녹인 후 80~85℃로 가열한다.

(3) 위 (2) 비커(B)의 액체를 녹은 스테아르산 비커(A)에 소량씩 가하면서 잘 교반한다.

(4) 50℃ 이하로 식힌 후 향료 0.1~0.2 g을 가하고 잘 교반한 후 보관한다.

2. 콜드크림의 제조

(1) 500 ml 비커(C)에 밀납 4 g, 스테아르산 1 g, 피마자유 2 g, 유동 파라핀(또는 ethylene glycol) 5 ml, 1라놀린 0.5 g, 올리브유 2 g을 담고 물 중탕에서 70℃ 정도로 가열하면서 교반하여 균일하게 섞는다.

(2) 200 ml 비커(D)에 $Na_2B_4O_7 \cdot 10H_2O$ 0.2 g을 물 5 ml에 녹이고 70℃로 가온하여 소량씩 처음 비커(C)에 가하면서 교반하여 유화한다. 유화란 잘 섞이지 않는 2 물질을 잘 섞이게 해주는 것을 의미한다. 교반을 잘해 줄수록 유화가 잘된다. 유화가 잘 되면 교반봉에 묻은 크림이 실같이 흘러 떨어진다.

(3) 40℃로 식힌 후 향료 0.1~0.2 g을 가하고 잘 교반한 후 보관한다.

* 교반봉 대신 유리막대를 사용해 크림을 저어주면 크림이 굳는 경우 유리막대가 부러져 손이 다칠 수 있으므로 각별히 주의하여라.

실험 09 - 실험보고서
화장크림 제조

1. 실험 1의 순서를 그림으로 그리고 관찰한 바를 기록하여라.

2. 실험 1에서 제조한 바니싱크림과 다른 조의 크림의 점도, 균일도 등을 비교하여 보라.

3. 실험 2의 순서를 그림으로 그리고 관찰한 바를 기록하여라.

4. 실험 1에서 제조한 콜드크림과 다른 조의 크림의 점도, 균일도 등을 비교하여 보라.

실험 10

용해도곱 상수의 결정

1 목적

수산화칼슘($Ca(OH)_2$)으로 포화된 용액에 OH^-(수산화이온)을 넣어 주면 공통이온효과에 따라서 Ca^{2+}의 농도가 감소된다. 본 실험에서는 이 원리를 이용하여 $Ca(OH)_2$의 용해도곱 상수를 결정하는 방법을 알아보고자 한다.

2 원리

이온성 고체를 물에 녹일 때의 실제적인 용질은 그 고체 자체가 아니고 고체를 이루고 있는 이온들이다. 예를 들면 과량의 고체 수산화칼슘을 물에 녹이면 용액은 포화되며 다음의 평형이 이루어진다.

$$Ca(OH)_2(s) \rightleftarrows Ca^{2+}(aq) + 2OH^-(aq) \tag{1}$$

이 용해과정에 대한 평형상수는 다음과 같이 나타낼 수 있다.

$$K = \frac{[Ca^{2+}][OH^-]^2}{[Ca(OH)_2]} \tag{2}$$

그러나 일정한 온도에서 이 포화용액에 있는 수산화칼슘의 농도는 일정하므로 다음 식으로 정의되는 새로운 상수로 나타낼 수도 있다.

$$K_{sp} = K\ [Ca(OH)_2] = [Ca^{2+}][OH^-]^2 \tag{3}$$

여기서 K_{sp}를 용해도곱 상수라고 하며, 이는 일정한 온도에서 일정한 값을 갖는다.

만일 수산화칼슘으로 포화된 용액에 OH^- 이온을 넣어 주면 용해도곱을 일정하게 유지하기 위해서 Ca^{2+} 이온의 농도가 감소하고 수산화칼슘이 침전된다. 이러한 효과를 공통이온효과라고 하는데 이 원리를 이용함으로써 수산화칼슘의 용해도 및 용해도곱 상수를 구할 수 있다.

순수한 물과 이미 그 농도를 알고 있는 여러 가지 NaOH 수용액에 고체 수산화칼슘을 넣어 포화시킨 다음, 염산 표준용액으로 적정하여 이들 용액에 함유된 OH^-이온의 농도를 결정한다. 이 농도와 초기(수산화칼슘을 포화시키기 전의) 농도와의 차이가 $Ca(OH)_2$의 용해에 의한 OH^- 이온의 농도이다. 이것으로부터 Ca^{2+} 이온의 농도, $Ca(OH)_2$의 용해도 및 $Ca(OH)_2$의 K_{sp}를 구할 수 있다.

3 기구 및 시약

기구
- 25 ml 눈금실린더(4개, 반별)
- 100 ml 비커(4개)
- 100 ml 삼각플라스크(4개)
- 50 ml 뷰렛
- 뷰흐너 깔때기
- 아스피레이터
- 감압 플라스크 온도계(0~100℃)
- filter paper

시약
- 0.1 M, 0.050 M, 0.025 M NaOH의 용액
- 0.1 M HCl 표준용액
- 페놀프탈레인 지시약
- Ca(OH)2

4 실험방법

(1) 깨끗이 씻어서 말린 4개의 비커(100 ml)에 각각 순수한 물, 0.1 M, 0.050 M, 0.025 M NaOH 용액을 눈금실린더(25 ml)로 50 ml씩 취하여 담고, 각각의 비커에 약수저로 반 숟가락 정도의 수산화칼슘 고체를 넣는다.

(2) 비커의 내용물을 10 분간 잘 저어 주어 용해도 평형에 도달하도록 한다.

(3) 각 용액을 뷰흐너 깔때기를 사용하여 감압하여 거르고, 거른액을 따로 보관한다. 이때 거른액이 절대로 묽혀져서는 안 된다는 점에 유의하고, 각 용액의 온도를 기록한다.

(4) 각 거른액 25 ml를 눈금실린더로 취하여 삼각플라스크(100 ml)에 담고 페놀프탈레인 2~3 방울을 가한 다음, 0.10 M HCl 표준용액으로 적정하여 OH^- 이온의 농도를 구한다. 산·염기 적정에 관해서는 실험 6의 시험 방법을 참고할 것.

실험 10 - 실험보고서
용해도곱 상수의 결정

1. 순수한 물에서의 용해도곱 상수
   ① 적정에 소비된 0.10 M HCl의 부피 ________________ml
   ② 용액 중 OH^- 이온의 총 농도 ________________M
   ③ $Ca(OH)_2$의 용해에 의한 OH^- 이온의 농도 ________________M
   ④ Ca^{2+} 이온의 농도=$Ca(OH)_2$의 용해도 ________________M
   ⑤ 용해도곱 상수=$[Ca^{2+}][OH^-]^2$ ________________

2. 0.10 M NaOH 용액에서의 용해도곱 상수
   ① 적정에 소비된 0.10 M HCl의 부피 ________________ml
   ② 용액 중 OH^- 이온의 총 농도 ________________M
   ③ $Ca(OH)_2$의 용해에 의한 OH^- 이온의 농도 ________________M
   ④ Ca^{2+} 이온의 농도=$Ca(OH)_2$의 용해도 ________________M
   ⑤ 용해도곱 상수=$[Ca^{2+}][OH^-]^2$ ________________

3. 0.050 M NaOH 용액에서의 용해도곱 상수
   ① 적정에 소비된 0.10 M HCl의 부피 ________________ml
   ② 용액 중 OH^- 이온의 총 농도 ________________M
   ③ $Ca(OH)_2$의 용해에 의한 OH^- 이온의 농도 ________________M
   ④ Ca^{2+} 이온의 농도=$Ca(OH)_2$의 용해도 ________________M
   ⑤ 용해도곱 상수=$[Ca^{2+}][OH^-]^2$ ________________

4. 0.025 M NaOH 용액에서의 용해도곱 상수

① 적정에 소비된 0.10 M HCl의 부피 ______________ ml

② 용액 중 OH^- 이온의 총 농도 ______________ M

③ $Ca(OH)_2$의 용해에 의한 OH^- 이온의 농도 ______________ M

④ Ca^{2+} 이온의 농도=$Ca(OH)_2$의 용해도 ______________ M

⑤ 용해도곱 상수=$[Ca^{2+}][OH^-]^2$ ______________

5. 각 용액에서의 $Ca(OH)_2$의 용해도를 비교하고 용액에 따라 용해도의 차이가 나는 이유를 Le Chatelier 원리를 적용하여 설명하라.

6. 각 용액에서의 용해도곱을 비교하고, 용해도곱이 상수임을 알아보자. 실험에서 얻은 값과 문헌에서 조사한 자료를 비교하여 보아라.

7. $\log[Ca^{2+}]$ 대 $\log[OH^-]$ 를 그래프로 그리고, K_{sp}를 구하여 보아라.

실험 11

용해도 및 분별결정

1 목적

분별 결정과 재결정법으로 순수한 결정을 얻는 과정을 알아보고 결정의 순도를 확인한다.

2 원리

화합물의 용해도(solubility)는 용매(solvent) 100 g에 녹는 용질(solute)의 최대량을 그램(g)수로 표시한 것이며, 용해도는 온도에 따라서 변한다. 이와 같이 용해도가 온도에 따라 변화하는 모양을 그래프로 표시한 것을 용해도 곡선(solubility curve)이라 한다.

일반적으로 고체의 용해도는 고온에서 크고 저온에서 작다. 고체에 함유되어 있는 불순물을 제거하려면 그 고체를 고온에서 용해하여 진한 용액을 만들어 그것을 다시 냉각하면 원래의 고체에 함유되어 있던 불순물은 용액 중에 녹은 채로 남기 때문에 순수한 결정을 얻을 수 있다. 이런 과정을 재결정(recrystallization)이라고 한다. 불순물의 양이 많을 경우에는 한번의 재결정으로 순수하게 할 수 없으므로 재결정을 여러 번 반복하여 점차로 불순물의 양을 줄여나가야 한다.

용해도가 온도에 따라 별로 변하지 않는 고체는 진한 용액을 냉각에 의해서 재결정할 수 없다. 그러한 고체는 소량의 용매에 녹이고 그 용액을 증발 농축하여 결정을 석출시킨다. 이 방법은 서서히 결정이 생기므로 큰 결정이 생성되어 그 속에 불순물이 들어가기 쉬우므로 냉각에 의한 방법보다 순수한 것을 얻기 어렵다. 따라서 정제할 고체 시료는 되도록 소량의 용매에 녹이고 농축할 때 불순물이 결정에 들어가지 않도록 유리막대로 잘 저어야 한다.

한 예로서 [그림 11.1]과 [표 11.1]은 NaCl 및 KCl 수용액의 용해도를 온도의 함수로서 도시한 것이다. 선상의 점은 그 온도에서 포화상태인 용해도를 나타내며 선 아랫부분은 불포화 상태를, 그 윗부분은 과포화 상태를 각각 나타낸다.

KCl은 온도에 따른 용해도 변화가 크고 NaCl은 온도에 따른 용해도 변화가 작다. 이러한 관계를 이용하여 섞인 두 염을 분리하여 두 염을 분리하고 정제할 수 있다. 예를 들어 50 g의 KCl과 30 g의 NaCl이 물 100 g에 녹아 있는 100℃의 용액을 서서히 냉각하면 약 70℃ 부근에서 KCl이 결정으로 석출되기 시작해서 0℃(용해도 27.6 g/100 g 물)에서 약 20 g의 KCl을 얻을 수 있다. 한편 NaCl은 0℃에서도 여전히 불포화 상태(용해도 35.7 g/100 g 물)이므로 그대로 용액 속에 남아 있다. 따라서 석출된 결정을 거르면 순수한 KCl 만을 얻을 수 있다.

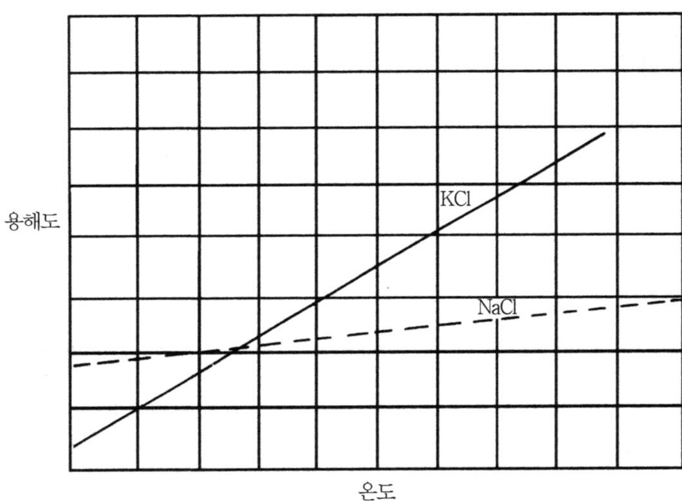

| 그림 11.1 | KCl과 NaCl의 용해도 곡선

| 표 11.1 | 여러 온도에서 염의 용해도(g/100g 물)

온도(℃)	NaCl	KCl	$Na_2Cr_2O_7 \cdot 2H_2O$	$K_2Cr_2O_7$
0	35.7	27.6	143	5
20	36.0	34	178	12
40	36.6	40	223	26
60	37.3	45.5	280	43
80	38.4	51.1	376	61
100	39.8	56.7		80

이와 같이 용해도 차이를 이용한 혼합물의 분리를 분별결정(fractional crystallization)이라고 한다. 용액에 남은 NaCl은 이 용액을 끓여서 농축하면 NaCl이 과포화 상태로 되어 결정이 석출된다. 용액을 지나치게 농축하면 용액에 남아 있는 KCl 잔재도 함께 석출되므로 용해도 표를 참고하여야 한다. NaCl을 재결정할 때는 용액을 농축한 후에 식히고 진한 HCl을 가하면 공통이온 효과에 의해서 NaCl의 재결정 효율을 높일 수 있다.

이 실험에서는 $Na_2Cr_2O_7$과 KCl을 물에 녹여서 K^+, Na^+, Cl^- 및 $Cr_2O_7^{2-}$ 이온을 포함하는 용액을 만들고(표 11.1 참고), 용해도 차이를 이용하여 $K_2Cr_2O_7$과 NaCl을 분별결정법으로 분리시키고 각각의 염을 재결정법으로 정제한다. 실험을 시작하기 전에 표 11.1의 값을 그래프 용지에 도시하여 그래프를 만들면 실험 절차를 이해하는 데 도움이 될 것이다.

3 기구 및 시약

기구
- 아스피레이터
- 뷰흐너 깔때기
- 50 ml 눈금 실린더
- 유리막대
- 알코올 램프 또는 전열기
- 거름종이
- 감압 플라스크
- 100 ml 및 250 ml 비커
- 고무관
- 고무마개
- 유리관
- 온도계

시약
- $Na_2Cr_2O_7$
- 6N HNO_3
- 아세톤
- KCl
- 2% $AgNO_3$

4 실험방법

(1) Buchner 깔때기와 감압 플라스크로 감압 거름장치를 [그림 11.2]와 같이 꾸민다.

(2) 100 ml 비커에 $Na_2Cr_2O_7 \cdot 2H_2O$ 18 g을 넣고 물 13 ml를 가한 후, 고체가 완전히 녹을 때까지 유리막대로 저으면서 가열한다.

(3) 또 다른 250 ml 비커에 10 g의 KCl을 넣고 25 ml의 물을 넣고 가열해서 고체를 완전히 녹인 후, 이 두 용액을 Buchner 깔때기를 써서 1 개의 감압 플라스크에 받은 다음, 플라

스크 속의 용액을 수돗물에 냉각한다.

(4) 침전이 생기기 시작하면 약 3~4 분간 계속 플라스크를 흔들어서 냉각한다.

(5) 석출된 $K_2Cr_2O_7$ 결정을 감압 장치를 써서 걸러내고 이 결정을 보관하였다가 나중에 재결정한다.

(6) 감압 플라스크 내의 용액은 NaCl과 미량의 $K_2Cr_2O_7$을 포함하고 있다(용해도표를 참고하여 거른 액에 $K_2Cr_2O_7$이 대략 몇 g 남아있는가를 계산하여 기록한다). 이 용액을 250 ㎖ 비커에 옮기고 약 2~3 cm 길이의 유리관 두 조각을 넣고 가열하여 원래 부피의 1/4 정도로 농축하면 NaCl 결정이 석출된다(이때 용액이 튀지 않도록 잘 저어 준다). 이 뜨거운 용액을 거르면 NaCl의 침전을 얻을 수 있고 플라스크에 침전이 생기면 다시 걸러서 거름종이와 함께 모아서 아세톤으로 씻는다.

(7) 이렇게 하여 얻은 NaCl을 시험관에 넣고 마개를 막은 다음 라벨을 붙인다. 플라스크 속의 용액을 식히면 다시 $K_2Cr_2O_7$의 침전이 생긴다.

(8) 위와 같은 방법으로 걸러서 먼저 보관한 $K_2Cr_2O_7$과 혼합하고 완전히 마르지 않은 상태에서 그대로 무게를 잰다. 이때 물의 무게를 5 %로 가정하고서 전체 무게에서 5 % 뺀 값을 시료 무게로 하여 결과를 기록한다. $K_2Cr_2O_7$의 재결정은 용해도 곡선을 참고하여 100℃에서 녹이는 데 필요한 최소한의 물의 양을 계산한다. 계산된 양의 물을 100 ㎖ 들이 플라스크에 넣고 완전히 녹을 때까지 가열한 후 플라스크에 마개를 막고 냉각하여 결정을 석출시킨다. 정제된 결정의 순도는 다음과 같이 조사한다.

(a) NaCl 결정의 순도 : 노란색이 보이면 $K_2Cr_2O_7$이 불순물로 들어 있다.

(b) $K_2Cr_2O_7$ 결정의 순도 : 실험에서 얻은 결정 소량을 10 ㎖의 증류수에 녹이고 6 N HNO_3 1 ㎖를 가하여 섞은 다음, $AgNO_3$ 용액 4~5 방울 가하여 흰색의 AgCl 침전이 생기면 불순물 Cl^-가 들어 있는 것이다.

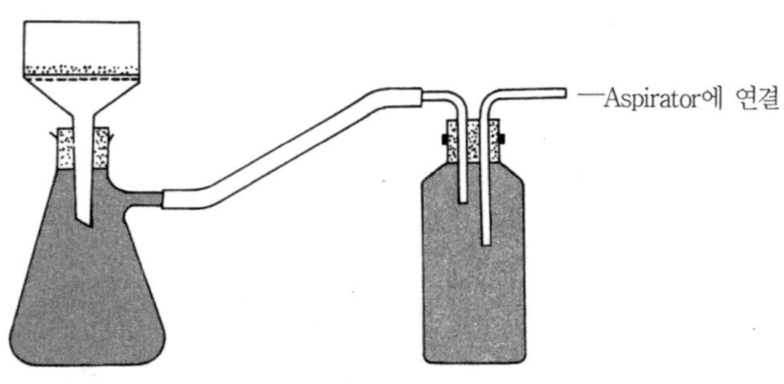

| 그림 11.2 | 감압 거름장치

실험 11 - 실험보고서
용해도 및 분별결정

1. 실험결과

① 사용한 KCl의 무게 ________________g

② 사용한 $Na_2Cr_2O_7 \cdot 2H_2O$ 의 무게 ________________g

③ 용액 A를 거르고 남은 $K_2Cr_2O_7$의 무게 ________________g

④ 재결정하기 전의 $K_2Cr_2O_7$의 무게 ________________g

⑤ 재결정한 후의 $K_2Cr_2O_7$의 무게 ________________g

⑥ $K_2Cr_2O_7$ 무게의 계산값(반응식으로부터 계산함) ________________g

⑦ $K_2Cr_2O_7$의 수득률 ________________%

2. NaCl은 찬물보다 더운물에 좀 더 잘 녹는다. 그러나 이 실험에서 얻은 NaCl은 더운물로 씻으면 정제할 수 있다. 그 이유를 설명하여라.

3. 이 실험에서 일어난 반응의 화학반응식을 써라. 무엇이 이 반응을 일으키는 원인이 되었는가?

① 15℃에서

② 26℃에서

③ 80℃에서

4. NaCl을 재결정할 때 재결정의 효과를 높이기 위해 진한 HCl을 가하면 더 많은 양의 NaCl 결정을 얻을 수 있다. 그 이유는 무엇인가?

5. [그림 11.1]을 참고하여 같은 무게의 KCl과 NaCl이 함께 녹아 있는 용액을 증발시키면 어느 고체가 먼저 침전되겠는지 추정하라.

6. $K_2Cr_2O_7$을 불순물로서 포함하는 NaCl을 재결정하는 방법을 생각해 보아라.

7. $K_2Cr_2O_7$을 재결정할 때에 NaCl 불순물은 어떻게 될까?

실험 12

반응열과 Hess의 법칙

1 목적

이 실험에서는 고체 수산화나트륨과 염산의 중화반응을 한 단계 반응 및 두 단계 반응으로 각각 진행하여 각 단계의 반응열을 측정하고, Hess의 법칙을 확인한다.

2 원리

화학반응이 일어나는 동안에 발생하는 열량 변화는 반응 전, 후의 물질의 종류 및 상태가 동일하다면 반응 경로에는 관계없이 항상 일정하며, 이를 Hess의 법칙이라고 한다.

고체 수산화나트륨과 염산과의 중화반응을 반응식으로 나타내면 다음과 같으며, 이 반응의 반응열을 ΔH_1으로 나타낸다.

$$NaOH(s) + H^+(aq) + Cl^-(aq) \rightarrow H_2O(l) + Na^+(aq) + Cl^-(aq) \quad (1)$$

이 반응을 다음과 같이 두 단계로 일어나게 할 수 있다. 즉, 고체 수산화나트륨을 물에 녹여 NaOH 수용액을 만들고, 그 후에 염산으로 중화한다.

$$NaOH(s) \rightarrow Na^+(aq) + OH^-(aq) \quad (2)$$

$$Na^+(aq) + OH^-(aq) + H^+(aq) + Cl^-(aq) \rightarrow H_2O(l) + Na^+(aq) + Cl^-(aq) \quad (3)$$

여기서 각각 두 반응에 대한 반응열을 ΔH_2, ΔH_3로 나타낸다.

반응식 (2)와 반응식 (3)을 더하면 반응식 (1)이 된다. 따라서 각 반응열 사이에서도 다음과 같은 관계가 성립하며, 이를 Hess의 법칙이라고 한다.

$$\Delta H_1 = \Delta H_2 + \Delta H_3 \qquad (4)$$

3 기구 및 시약

기구
- 250 ml 삼각플라스크(3개)
- 500 ml 비커 또는 1 *l* 플라스틱
- 100 ml 눈금실린더
- 온도계(0~100℃, 눈금 1°)
- 삼중대저울
- 무게다는 종이

시약
- 0.5 M NaOH
- 0.5 M HCl
- 0.25 M HCl
- NaOH

4 실험방법

1. 반응 (1)의 반응열 측정

(1) 깨끗하게 씻어 말린 250 ml 삼각 플라스크의 무게를 0.1 g까지 측정한 후 스티로폼(또는 솜) 보온재로 싸서 보온한다.

(2) 여기에 0.25 M 염산 용액 200 ml를 넣고, 온도를 0.1℃까지 측정한다.

(3) 약 2 g의 고체 수산화나트륨 알갱이를 0.01 g까지 재빠르게 달아서 플라스크에 넣고 흔들어서 잘 녹인다. 용액의 최고 온도와 플라스크의 무게를 재서 기록한다.

(4) 이 반응에서

중화반응 과정에서 방출된 열, ΔH_1 = (용액 + 플라스크)에 의해 흡수된 열과 같다. 용액과 플라스크에 의해 흡수된 열량은 용액과 플라스크 각각의 열용량에 온도 상승값을 곱한 것과 같으며, 이 반응의 반응열은 다음과 같이 구할 수 있다.

$$\Delta H_1 = m(\text{용액}) \times \Delta T \times 4.18(J/g) + m(\text{플라스크}) \times \Delta T \times 0.85(J/g)$$

여기서 m(용액)과 m(플라스크)는 각각 용액과 플라스크의 질량이며, 묽은 수용액의 비열은 4.18 J/g 유리의 비열은 0.85 J/g로 가정한다.

2. 반응 (2)의 반응열 측정

(1) 실험 1의 0.25 M 염산 용액 대신 물 200 ml를 사용하여 같은 방법으로 실험을 행한다.

(2) 반응 (2)의 반응열, $\triangle H_2$를 구한다.

3. 반응 (3)의 반응열 측정

(1) 실험 1에서와 같은 방법으로 삼각 플라스크의 무게를 재고 스티로폼 보온재로 싼 다음 여기에 0.5 M 염산 용액 100 ml를 넣는다.

(2) 눈금실린더로 0.5 M 수산화나트륨 용액 100 ml를 취하고 두 용액의 온도가 거의 같아지면 온도를 기록한다.

(3) 수산화나트륨 용액을 재빠르게 염산 용액에 쏟아 넣고 상승한 최고 온도를 측정한다.

(4) 반응 (3)의 반응열, $\triangle H_3$를 구한다.

(5) Hess의 법칙, $\triangle H_1 = \triangle H_2 + \triangle H_3$을 확인한다.

실험 12 - 실험보고서
반응열과 Hess의 법칙

1. 반응 (1)의 반응열 ______________g
   ① 삼각플라스크의 무게 ______________g
   ② 고체 NaOH의 무게 ______________g
   ③ 중화된 용액과 플라스크의 무게 ______________g
   ④ 중화된 용액의 무게 ______________g
   ⑤ 염산 용액의 온도(T_i) ______________℃
   ⑥ 중화된 용액의 최고 온도(T_f) ______________℃
   ⑦ 온도 상승, $\Delta T = T_f - T_i$ ______________℃
   ⑧ 용액에 의해 흡수된 열량 ______________J
   ⑨ 플라스크에 의해 흡수된 열량 ______________J
   ⑩ 반응 (1)에서 방출된 열량 ______________J
   ⑪ NaOH 1몰당 반응열, ΔH_1 __________kJ/mol

2. 반응 (2)의 반응열 ______________g
   ① 삼각플라스크의 무게 ______________g
   ② 고체 NaOH의 무게 ______________g
   ③ NaOH 용액과 플라스크의 무게 ______________g
   ④ NaOH 용액의 무게 ______________g
   ⑤ 물의 온도(T_i) ______________℃
   ⑥ NaOH 용액 최고 온도(T_f) ______________℃
   ⑦ 온도 상승, $\Delta T = T_f - T_i$ ______________℃
   ⑧ 용액에 의해 흡수된 열량 ______________J
   ⑨ 플라스크에 의해 흡수된 열량 ______________J
   ⑩ 반응 (2)에서 방출된 열량 ______________J

⑪ NaOH 1몰당 반응열, ΔH_2 ________kJ/mol

3. 반응 (3)의 반응열 ________g

① 삼각플라스크의 무게 ________g

② 중화된 용액과 플라스크의 무게 ________g

③ 중화된 용액의 무게 ________g

④ HCl 용액과 NaOH 용액의 평균온도(T_i) ________℃

⑤ 중화된 용액의 최고 온도(T_f) ________℃

⑥ 온도 상승, $\Delta T = T_f - T_i$ ________℃

⑦ 용액에 의해 흡수된 열량 ________J

⑧ 플라스크에 의해 흡수된 열량 ________J

⑨ 반응 (3)에서 방출된 열량 ________J

⑩ NaOH 1몰당 중화열, ΔH_3 ________kJ/mol

4. 이상의 실험 결과로부터 Hess의 법칙이 성립됨을 확인하여라.

5. 위 문제에서 Hess의 법칙이 만족되지 않았다면, 그 이유가 무엇 때문인지 생각해 보자.

실험 13
온도계 보정

1 목적

실험에 사용되는 온도계의 눈금은 대개 부정확한 경우가 많다. 정확한 온도의 측정을 위해서는 온도계의 보정이 필요하다.

2 원리

무게와 부피 측정과 마찬가지로 온도의 측정은 화학 실험에서 매우 중요한 기본 조작이다. 온도를 나타내는 척도에는 섭씨, 화씨 그리고 절대온도 등이 있다.

섭씨온도는 순수한 물의 어는점과 끓는점을 각각 0℃와 100℃로 정하고, 그 사이를 100 등분한 것이다. 물질의 부피는 온도에 따라 변화하며 특히 액체와 기체의 부피는 온도에 매우 민감하다. 이러한 성질을 고려하여 온도계의 보정을 실시한다.

화학 실험실에서 많이 사용되는 온도계는 착색된 알코올이나 수은을 사용하며 진공의 모세관에 액체를 넣어 액체가 차지하는 모세관의 높이로부터 온도를 읽을 수 있도록 되어 있다. 온도를 정확히 측정하기 위해서는 온도계 끝 부분의 액체구가 시료와 충분한 시간동안 접촉하여 열적 평형을 이루어야 한다.

섭씨 온도계의 눈금은 순수한 물의 어는점과 끓는점을 기준으로 새겨져 있으나 부정확한 경우가 많다. 따라서 온도를 정확하게 측정하기 위해서는 온도계의 눈금을 확인하고 보정하여야 한다. 물의 끓는점은 [표 13.1]과 같이 압력에 따라 달라진다. 실험에 사용할 온도계로 물의 어는점 t_0와 끓는점 t_{100}을 결정한 후, 다음 식을 사용하면 온도계로 측정한 온도 t에 대응하는 보정된 실제 온도 T를 얻을 수 있다.

$$T = \frac{T_b}{T_{100} - t_o}(t - t_o)$$

여기서 T_b는 실험실 압력에서의 물의 끓는점이다.

| 표 13.1 | 물의 끓는점 표

압력(mmHg)	끓는점(℃)
700	97.716
705	97.910
710	98.106
715	98.300
720	98.498
725	98.686
730	98.877
735	99.067
740	99.255
745	99.443
750	99.630
755	99.815
760	100.000
765	100.184
770	100.366

| 표 13.2 | 온도(℃)에 따른 금속선의 색깔

온 도(℃)	색 깔
500	연한 붉은색
700	진한 붉은색
900	밝은 붉은색
1100	주홍색
1300	연한 흰색
1500	흰색

높은 온도로 가열된 금속선은 온도에 따라 [표 13.2]와 같이 독특한 색깔을 나타내게 된다. 금속선의 이와 같은 성질을 이용하면 액체를 사용한 온도계로 측정할 수 없는 높은 온도를 대략적으로 측정할 수 있다.

3 기구 및 시약

기구

- 온도계(0℃ 이하와 100℃ 이상의 눈금이 있어야 한다.)
- 100 ml 비커
- 시험관, 코르크 마개, 끓임쪽
- 스탠드, 링, 클램프, 클램프집게
- 알코올 램프, 석면판

- 증류수
- 얼음
- 미지시료
- 유리관
- 스포이드

4 실험방법

(1) 보온병이나 비커 혹은 스티로폼 컵에 잘게 부순 얼음을 넣고 증류수를 적당히 부은 뒤 잘 저어 준다.

(2) 온도계를 조심해서 얼음물(얼음 중탕)에 담그고 2~3분 정도 기다린 후 온도계의 눈금이 일정한 자리에서 머물게 되면 그 값을 0.1℃까지 읽고 기록한다.

(3) [그림 13.1]과 같이 끓는점 측정 장치를 준비하고 증류수를 소량(밑바닥으로부터 2~3 cm 높이) 넣는다.3) 온도계의 수은(또는 알코올)구를 증류수의 수면보다 약간 높은 위치에 고정시킨 다음4) 조심스럽게 서서히 가열하여 증류수를 끓여서 수증기가 온도계의 수은구 둘레에서 응축되게 한다.

(4) 온도계의 눈금이 일정한 위치에 머물게 되면 그 값을 0.1℃까지 읽고 기록한다.

(5) 조교선생님으로부터 미지의 액체시료를 받아서 위에서 실험한 것처럼 끓는점(혹은 어는점)을 측정한다. 미지 액체 시료의 끓는점(혹은 어는점)을 보고서에 기록하고 그것이 어떤 물질일까 생각해 본다.

---

3) 석면판 위에 측정 장치 tube를 대고 가열한다. 끓임쪽을 넣는다.

4) 먼저 온도계를 코르크 마개에 꽂은 다음 온도계의 높이를 적당히 조절한 후 그 코르크 마개를 tube에 꽂는다. 한편 온도계를 뺄 때는 먼저 코르크 마개를 tube에서 조심스럽게 빼낸 후 그 다음에 온도계를 제거한다.

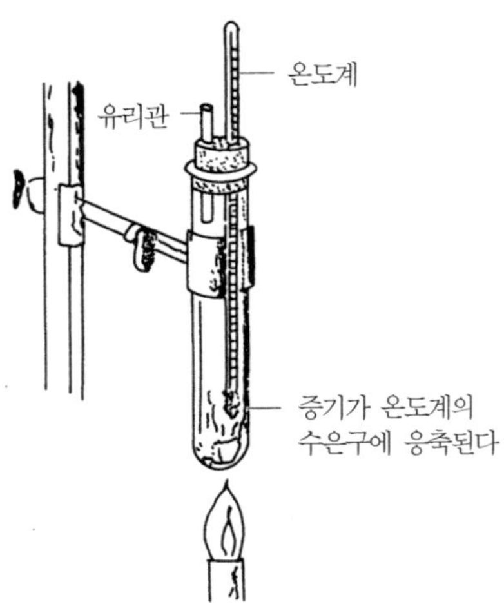

| 그림 13.1 | 끓는점 측정 장치

TIP

1. 미지 액체 시료가 인화성 물질이 아닌지 조교선생님에게 문의하고, 가열할 때는 특별한 주의를 해야 한다. 많은 유기 화합물은 인체에 해로우므로 그 증기를 마시지 않도록 명심할 필요가 있다.
2. 어는점이나 끓는점 중에서 편리한대로 어느 하나만 측정해도 좋다. 이를 조교선생님과 상의하여라.
3. 얼음물을 만들 때에는 충분한 양의 얼음을 넣어야 한다.
4. 시험관의 코르크 마개에 작은 구멍을 하나 더 만들고 유리관을 꽂아 수증기가 빠져나갈 수 있도록 한다.

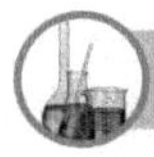

실험 13 - 실험보고서
온도계 보정

1. 온도계의 보정

① 물의 어는점 읽은 값(t_o) ________________℃

② 물의 끓는점 읽은 값(t_{100}) ________________℃

③ 보정해야 할 값(A') ________________℃

$$A' = \frac{T_b}{t_o - t_{100}} t_o$$

보정하는 데 필요한 관계식

읽은 값을 t, 보정해서 써야 할 값을 T라고 하면,

$$T = (\frac{T_b}{t_{100} - t_o})t + (A')$$

$$=(\qquad\qquad)t + (\qquad)$$

① 미지 액체 시료의 끓는점 혹은 어는점 읽은값 ________________℃

② 보정된 실제 값 ________________℃

2. 온도계의 보정에서 어는점과 끓는점의 측정 중 어느 것이 더 정확하겠는가? 그 이유를 설명하여라.

실험 14
밀도 측정

1 목적

화학 실험에서 시료의 양을 정확히 측정하고 적절하게 처리하는 것은 매우 중요하다. 본 실험에서는 저울로 시료의 무게를 측정하고 액체 및 고체의 부피를 측정한 후, 실험값의 오차 처리 방법에 유의하면서 시료의 밀도를 결정한다.

2 원리

단위 부피의 물질이 가지는 질량을 밀도라고 하고 밀도의 SI 단위는 kg/m^3이지만 화학 실험에서는 밀도의 단위로 g/cm^3을 더 많이 사용한다. 밀도는 온도에 따라서 변화하므로 밀도를 측정할 때에는 반드시 시료의 온도를 함께 측정하여야 한다. 특히 기체의 밀도는 온도에 매우 민감하다.

밀도와 비슷한 개념으로 비중이 있다. 비중은 시료와 부피가 같은 표준 시료와의 질량의 비이다. 액체의 경우에는 흔히 4℃의 물을 표준물질로 사용하고 기체의 경우에는 0℃, 1 기압의 공기를 표준물질로 사용한다.

질량과 무게는 엄밀한 의미에서는 서로 다르지만 흔히 구별하지 않고 사용한다. 무게는 중력장에 의한 힘으로 정의되며 중력장의 크기가 변화하면 다른 값을 가지게 되며 스프링을 사용하는 저울을 사용하여 측정할 수 있다. 반면에 질량은 중력장의 세기와 무관한 물체의 고유한 물리적 성질이다. 질량은 같은 중력장에서 표준화 된 저울추와의 무게를 지렛대의 원리를 사용하여 비교함으로써 얻을 수 있다. 화학 실험실에서 사용하는 대부분의 어림저울과 화학저울은 모두 질량을 측정하는 장치들이다.

밀도를 측정하기 위해서는 시료의 질량과 부피를 측정하여야 한다. 질량과 부피의 측정은 화학 실험에 있어서 가장 기본적인 조작 중 하나이다. 0.01 g정도의 정밀도를 요구하는 측정에는 어림저울이 사용되고 더욱 정밀한 질량의 측정에는 화학저울과 같이 정밀한 저울이 사용된다.

부피의 측정에는 눈금실린더, 뷰렛, 피펫 등이 사용되며 눈금실린더보다는 뷰렛이나 피펫이 정밀도가 높은 측정 장치이다. 비커나 플라스크에 표시된 눈금은 정밀도가 매우 낮으므로 정확한 측정이 필요한 경우에는 가능하면 사용하지 않는 것이 좋다.

이 실험에서는 저울로 질량을 측정하는 법과 액체 및 고체의 부피를 측정하는 방법을 실습한다. 또한 화학 실험실에서 취급하는 유기 기구들을 불순물이 없도록 깨끗하게 세척하는 법도 익히도록 한다. 질량과 부피의 측정값과 밀도의 오차와 유효숫자에 주의한다.

3 기구 및 시약

기구
- 어림 저울 또는 화학저울
- 10 ml 눈금실린더
- 마개 달린 50 ml 삼각플라스크
- 10 ml 피펫과 고무 빨게
- 도가니 집게 또는 클램프
- 증류수

시약
- 액체 시료 : Cyclohexane 휘발성이 크지 않은 액체
- 고체 시료 : Al 덩어리(pellet)와 같이 물에 녹거나 반응하지 않는 금속 또는 고체 덩어리(분말은 적합하지 않다) 또는 육면체나 원통형의 부피를 계산할 수 있는 물체

4 실험방법

1. 액체의 밀도

(1) 50 ml 삼각플라스크와 마개를 비눗물과 세척 솔로 깨끗하게 세척한 후 다량의 증류수로 여러 번 헹구고 완전히 건조시킨다. 유리 기구를 말릴 수 있는 오븐(oven)을 사용할 수 없는 경우에는 휘발성이 큰 에탄올이나 아세톤 등의 유기 용매를 사용해도 된다. 건조를 위해 휴지를 사용하는 것은 좋은 방법이 아니다. 건조된 플라스크는 반드시 도가니 집게 또는 클램프와 같은 집게를 사용하여 취급하고 손으로 직접 만지지 않는다.

(2) 먼저 건조된 삼각플라스크와 마개의 질량을 정확히 측정한 후에 액체 시료 10 ml를 피펫으로 정확히 측정하여 삼각플라스크에 넣고 마개로 막는다. 피펫의 바깥 부분이 플라스크에 닿지 않도록 조심한다.

(3) 액체 시료가 담긴 플라스크의 질량을 측정하여 액체 시료만의 질량을 계산한다. 그리고 액체 시료의 온도를 측정한다. 사용한 액체 시료는 회수통에 회수한다.

(4) 액체 시료의 부피와 질량을 이용하여 밀도를 구한다.

2. NaCl 용액의 밀도

(1) NaCl의 농도가 각각 5, 10, 15, 20%인 용액 25 ml씩에 대하여 1의 실험 방법으로 각각의 밀도를 측정한다.

(2) NaCl의 농도와 밀도를 그래프로 나타낸다.

(3) 농도를 모르는 NaCl 용액 약 25 ml를 받아 같은 방법으로 밀도를 측정한다. 위의 실험에서 얻은 그래프를 사용하여 NaCl 용액의 농도를 결정한다.

3. 고체의 밀도

(1) 먼저 고체 시료의 질량을 저울을 사용하여 측정한다. 작은 덩어리로 된 고체 시료의 경우에는 약 15 g정도의 고체 시료의 질량을 정확히 측정한다.

(2) 육면체 또는 원통형의 큰 고체 시료의 경우에는 각 변의 길이를 측정하여 부피를 계산한다. 작은 덩어리의 고체 시료의 경우에는 다음의 방법으로 부피를 측정한다.

(3) 깨끗이 씻은 눈금실린더에 약 5 ml정도의 증류수를 넣고 메니스커스의 높이를 정확히 읽는다. 이때 눈금실린더를 미리 건조시킬 필요는 없다.

(4) 질량을 측정한 고체 시료를 눈금실린더에 넣고 메니스커스의 높이를 측정하여 고체 시료의 부피를 구한다. 고체 시료를 넣을 때 주위에 기포가 생기지 않도록 주의하여야 한다.

(5) 측정한 시료의 무게와 부피로부터 밀도를 계산한다. 유효숫자의 정확한 사용에 유의하고 실험을 여러 번 반복하여 무게, 부피 그리고 밀도의 실험값의 표준편차를 계산한다.

TIP

1. 저울과 부피 측정용 유리 기구의 사용법을 정확히 익히도록 한다.
2. 액체 밀도의 정밀한 측정에는 비중병(pycnometer)이 사용된다. 비중병을 사용할 경우에는 반드시 화학저울을 함께 사용하여야 한다. 깨끗이 씻어 건조시킨 비중병의 무게를 정확히 측정한다. 비중병에 증류수를 가득 채우고 마개를 막는다. 마개 위로 올라온 증류수는 거름종이로 닦아서 말린다. 증류수가 들어있는 비중병의 무게를 측정하고 물의 밀도(부록4 참조)를 이용하여 비중병의 부피를 계산한다. 비중병을 씻어서 말린 후, 액체 시료를 같은 방법으로 채우고 무게를 측정하면 액체 시료의 밀도를 계산할 수 있다.

실험 14 - 실험보고서
밀도 측정

1. 액체의 밀도 측정

   ① 액체의 종류 (   )

   ② 액체의 온도 (   )

	1	2	3
삼각플라스크의 무게			
액체시료와 삼각플라스크의 무게			
액체 시료의 무게			
액체 시료의 부피			
액체의 밀도			

2. NaCl 용액의 밀도

	1	2	3	4
NaCl 용액의 밀도				
미지 시료의 밀도				
미지 시료의 농도				

3. 고체의 밀도 측정

   ① 고체의 종류 (   )

   ② 고체의 온도(증류수의 온도) (   )

	1	2	3
증류수와 고체 시료의 부피			
고체 시료의 부피			
고체의 밀도			
고체 시료의 무게			
증류수의 부피			

4. 이 실험에서 얻은 액체의 밀도와 화학사전의 값을 비교하여 실험값의 오차를 계산하고 오차의 요인을 열거하여 보아라.

5. 실험을 적어도 3번 이상 반복하여 시료의 무게, 부피, 밀도의 측정값들의 표준 편차를 계산하여라.

6. 0.1 g까지 측정할 수 있는 저울을 사용하여 액체의 밀도를 측정하여 3개의 유효숫자를 갖는 밀도를 얻으려면 실험 방법을 어떻게 바꾸어야 할 것인가?

화학 평형상수(I)

1 목적

화학 반응이 평형상태에 도달하였을 때 이 평형상태에 존재하는 각 화학종의 농도를 측정하여 화학 평형상수를 결정한다.

2 원리

다음과 같은 화학 반응을 생각하자.

$$\mathrm{aA + bB \rightleftarrows cC + dD}$$

이 반응이 평형에 도달하였을 때의 각 화학종들의 몰농도를 각각 [A], [B], [C], [D]로 표시하면 그 평형상수는 다음과 같이 나타낼 수 있다.

$$K = \frac{[C]^c[D]^d}{[A]^a[B]^b}$$

따라서 평형상태에서 존재하는 화학종들의 농도를 측정하면 평형상수를 계산할 수 있다. 이 실험에서는 요오드화 이온(I^-)이 요오드(I_2)와 반응하여 삼요오드화 이온(I_3^-)을 형성하는 반응의 평형상수를 결정하고자 한다. 고체 요오드는 물에는 잘 녹지 않으나 요오드화 이온을 함유한 수용액에는 잘 녹는데, 그것은 다음과 같은 반응에 의해서 I_3^-이 생성되기 때문이다.

$$I_2 + I^- \rightleftarrows I_3^-$$

이 반응의 평형상수는 다음과 같이 나타낼 수 있다.

$$K = \frac{[I_3^-]}{[I_2][I^-]}$$

평형상수 K를 계산하기 위해서는 평형상태에서 존재하는 요오드화 이온과 삼요오드화 이온 및 분자 상태인 요오드의 농도를 알아야 한다. 이들 농도의 값은 다음과 같은 방법으로 결정할 수 있다.

(1) 0.200 M의 KI용액 1 l에 0.025 몰의 I_2를 녹여 일정한 농도의 I_3^-을 함유한 용액을 제조한다.

(2) 이 수용액에 물과 섞이지 않는 싸이클로헥세인(C_6H_{12})을 가하여 함께 흔들어 주고 방치하면 두 액체상이 형성된다. 수용액 중에 존재하는 화학종들(K^+, I^-, I_2 및 I_3^-)중에 I_2만이 싸이클로헥세인 중에 녹아 들어간다.

(3) 싸이클로헥세인 중에 녹아 있는 요오드의 농도와 수용액 중에 존재하는 요오드 이온 및 삼요오드화 이온의 농도는 각 액체상의 일부분을 뽑아내어 싸이오황산 염의 용액으로 적정하여 결정할 수 있다. 싸이오황산 이온($S_2O_3^{2-}$)은 좋은 환원제이므로 I_2와 I_3^-을 모두 환원시킬 수 있다.

$$S_4O_6^{2-} + 2e^- \rightleftarrows 2\ S_2O_3^{2-} \qquad E^\circ = +0.09\ V$$

$$I_3^- + 2\ e^- \rightleftarrows 3\ I^- \qquad E^\circ = +0.54\ V$$

$$I_2 + 2\ e^- \rightleftarrows 2\ I^- \qquad E^\circ = +0.53\ V$$

$$2S_2O_3^{2-} + I_2 \rightarrow S_4O_6^{2-} + 2\ I^- \qquad (a)$$

$$2S_2O_3^{2-} + I_3^- \rightarrow S_4O_6^{2-} + 3\ I^- \qquad (b)$$

수용액 상과 사염화탄소 액상으로 이루어진 계에 분자 형태의 요오드를 가하여 평형이 이루어지게 하였을 때 싸이클로헥세인 액 중의 요오드의 농도와 수용액 중의 요오드의 농도간의 비, 즉 $[I_2]_{C_6H_{12}}/[I_2]_{aq}$는 일정한 상수이다. 주어진 온도에서의 이 상수의 값은 싸이클로헥세인와 수용액에 대한 요오드의 용해도 비로부터 계산할 수 있다. 25℃에서 이 분배계수(partition coefficient)의 값은 324이다. 따라서 평형상태에서는 다음의 관계가 성립한다.

$$[I_2]_{C_6H_{12}}/[I_2]_{aq} = 324 \qquad (c)$$

(1) 싸이클로헥세인 중의 전체 요오드의 양 = $[I_2]_{C_6H_{12}}$: 적정, (a)에 의해 측정

* I_2 I₂ 1 몰당 $S_2O_3^{2-}$ 2 몰 필요함

(2) 수용액 중의 환원될 수 있는 요오드의 전체 농도 = $[I_2]_{aq} + [I_3^-]_{aq}$

* 적정에 의해 측정(위 반응식 (a), (b))
* $[I_2]_{aq}$ 값은 위 (1)과 식 (c)로부터 알 수 있으므로 $[I_3^-]_{aq}$ 구해짐

(3) 수용액 중의 전체 요오드화 이온의 농도 = 0.200 = $[I^-]_{aq} + [I_3^-]_{aq}$

* 처음에 0.200 M KI 용액에 요오드를 가하여 그 수용액을 제조했는데, 처음에 존재했던 요오드화 이온 중의 일부분은 요오드와 반응하여 삼요오드화 이온으로 변하였음을 고려하면 윗 식 성립
* 위 (2)에서 $[I_3^-]_{aq}$ 구했으므로 $[I^-]_{aq}$ 알 수 있음

이상의 관계들로부터 평형상태에서의 $[I^-]_{aq}$, $[I_2]_{aq}$ 및 $[I_3^-]_{aq}$를 구할 수 있으며, 이들을 이용하여 다음의 평형상수를 계산할 수 있다.

$$K = \frac{[I_3^-]_{aq}}{[I^-]_{aq}[I_2]_{aq}}$$

3 기구 및 시약

기구
- 뷰렛(50 ml)
- 뷰렛 클램프
- 스탠드
- 25 ml 눈금실린더(2개)
- 50 ml 삼각플라스크(2개)
- 10 ml 눈금실린더(2개)
- 100 ml 분별깔때기
- 100 ml 삼각플라스크

시약
- 0.025 M KI_3—0.200 M KI 1 l당 0.025몰의 I_2를 녹여서 만든다.
- 0.2 M KI

- 0.01 M $Na_2S_2O_3$
- 0.1 M HCl
- 싸이클로헥세인

4 실험방법

(1) 0.025 M KI_3 용액 25 ml를 10 ml의 싸이클로헥세인과 함께 100 ml 분별깔때기에 넣고 몇 분 동안 흔들어 준다.[5)]

(2) 액체 층이 분리되면 마개를 열고 콕크를 열어 10 ml 눈금실린더에 분리된 아래층의 수용액을 10 ml 받고, 다른 10 ml 눈금실린더에 위층의 싸이클로헥세인 7 ml를 받는다.

(3) 깨끗이 씻은 2 개의 50 ml 삼각플라스크에 각 용액을 넣는다.

(4) 싸이클로헥세인 용액을 0.01 M 싸이오황산나트륨으로 적정한다. 엷은 붉은 색깔이 없어질 때가 종말점이다. 종말점 가까이에는 아주 천천히 1 방울씩 흘려야 한다. 이 반응은 느리게 진행되므로 적정하는 동안 플라스크를 계속 흔들어야 한다.

(5) 적정이 끝나면 소요된 싸이오황산나트륨 용액의 부피를 기록하고 남은 용액들은 모두 버린다.

(6) 또한 수용액이 들어 있는 삼각플라스크에는 0.2 M KI와 0.1 M HCl을 각각 5 ml씩 넣은 후 0.01 M 싸이오황산나트륨으로 적정한다.[6)] 적정이 끝나면 소요된 싸이오황산나트륨 용액의 부피를 기록하고 남은 용액은 모두 버린다.

(7) 동일한 실험을 2번 이상 반복한다.

(8) 이 실험에서 얻은 데이터를 이용하여 평형상수를 계산한다.

---

5) 이때 인체에 유독한 싸이클로헥세인의 증기를 마시지 않도록 주의한다.

6) KI를 넣는 이유는 I_2 를 I_3^- 로 바꾸어 주기 위함이고, HCl을 넣는 이유는 용액을 산성으로 만들어주기 위함이다. 즉, 염기성 용액에서는 아래와 같은 불균등화 반응이 일어난다.

$$I_2 + 2OH^- \rightarrow IO^- + I^- + H_2O$$

실험 15 - 실험보고서
화학 평형상수(I)

1. 실험 결과

	첫번째 결과	두번째 결과
① 싸이클로헥세인 액층 시료의 부피	________	________
② 싸이클로헥세인 액층 시료를 적정하는 데에 소모한 0.01 M $Na_2S_2O_3$의 부피	________	________
③ 취한 수용액층 시료의 부피	________	________
④ 수용액층 시료를 적정하는 데에 소모한 0.01 M $Na_2S_2O_3$ 부피	________	________
⑤ 싸이오황산나트륨 표준액의 농도	________	________
⑥ 싸이클로헥세인 중의 I_2의 농도	________	________
⑦ 수용액 중의 I_2의 농도	________	________
⑧ 수용액 중의 I_3^- 의 농도	________	________
⑨ 수용액 중의 I^- 의 농도	________	________
⑩ 계산의 K의 값	________	________
⑪ K의 평균값	________	________

2. 기체상의 H_2와 I_2의 반응은 다음과 같이 나타낼 수 있다.

$$H_2(g) + I_2(g) \rightleftarrows 2\ HI(g)$$

I_2 46.0 g과 H_2 1.0 g을 부피가 일정한 용기 속에 넣고 450℃에서 평형에 도달할 때까지 가열하여 생긴 평형혼합물 중에는 1.9 g의 I_2가 함유되어 있음을 알았다.

(a) 평형혼합물 중에 존재하는 기체들의 몰수는 각각 얼마인가?

(b) 이 반응의 평형상수를 계산하여라.

3. 이 실험에서 구한 평형상수의 값을 이용하여 0.10 M KI용액 1 l에 12.5 g의 아이오딘을 녹였을 때 생성되는 I_3^- 의 농도를 계산하여라. 단, 부피의 변화는 없다고 가정하고 온도는 25℃라고 생각하여라.

실험 16

화학 평형상수(II)

1 목적

Fe^{3+}(철(Ⅲ)) 이온과 SCN^-(싸이오사이안산) 이온이 반응하면 붉은색을 띠는 $FeSCN^{2+}$ 착이온이 생성된다. 이 실험에서는 착이온의 농도를 비색법으로 구하여 착이온 생성 반응의 평형상수를 결정하는 방법을 배운다.

2 원리

질산 철(Ⅲ)($Fe(NO_3)_3$) 용액과 싸이오사이안산 칼륨(KSCN) 용액을 섞으면 다음 반응에 따라서 붉은색을 띤 착이온인 $FeSCN^{2+}$ 이온이 생긴다.

$$Fe^{3+}(aq) + SCN^- \rightleftarrows FeSCN^{2+}(aq) \tag{1}$$

착이온의 농도(x)를 측정하면 아래와 같이 이 반응의 평형상수를 계산할 수 있다.

$$K = \frac{[FeSCN^{2+}]}{[Fe^{3+}][SCN^-]} = \frac{x}{(a-x)(b-x)} \tag{2}$$

여기서 a와 b는 각각 Fe^{3+} 및 SCN^- 이온의 초기 농도이다. 생성된 착이온의 농도는 착이온의 표준용액과 색을 비교하여 구할 수 있다.

색을 띤 $FeSCN^{2+}$ 용액의 흡광도는 이 용액의 농도와 빛이 통과하는 용액의 두께에 비례한다. 따라서 농도를 알고 있는 $FeSCN^{2+}$ 표준용액의 색과 농도를 알고자 하는 $FeSCN^{2+}$ 용액의 색을 비교하여 그 세기가 같으면 다음 관계가 성립된다.

$$l(\text{표준}) \times c(\text{표준}) = l(\text{평형}) \times c(\text{평형}) \quad (3)$$

여기서 l과 c는 각각 빛이 통과한 용액의 두께(길이)와 농도이며, (표준)과 (평형)은 각각 표준용액과 평형에 도달한 혼합용액을 뜻한다.

따라서 $c(\text{표준})$을 알면 $l(\text{표준})$과 $l(\text{평형})$을 측정함으로써 $c(\text{평형})$을 구할 수 있다.

3 기구 및 시약

기구
- 100×20 mm 시험관(7개)
- 50 ml 눈금실린더
- 100 ml 비커
- 그래프 용지
- 시험관 꽂이
- 10 ml 눈금실린더
- 눈금자
- 스포이드
- 테이프

시약
- 0.2 M $Fe(NO_3)_3$
- 0.002 M KSCN(갓 만든 것)

4 실험방법

(1) 6 개의 시험관에 1번부터 6번까지 번호를 매기고 시험관 꽂이에 나란히 세운 다음, 10 ml 눈금실린더를 사용하여 0.002 M KSCN 용액(갓 만든 것을 사용한다) 5 ml 씩을 취하여 각 시험관에 담는다.

(2) 10 ml 눈금실린더를 사용하여 0.2 M $Fe(NO_3)_3$ 용액 5.0 ml를 취하여 1번 시험관에 넣고 흔들어서 잘 섞이도록 한다. 이때 SCN^-이온은 전부 $FeSCN^{2+}$로 바뀐다고 가정한다. 따라서 이 시험관이 $FeSCN^{2+}$ 표준용액으로 쓰인다.

(3) 10 ml 눈금실린더를 사용하여 0.2 M $Fe(NO_3)_3$용액 10 ml를 취하여 50 ml 눈금실린더에 담고, 여기에 증류수를 가하여 전체 부피가 25 ml가 되도록 한다. 이것을 비커에 옮겨서 잘 섞은 다음, 이 용액 5.0 ml를 취하여 2번 시험관에 넣고 흔들어서 잘 섞는다.

(4) 10 ml 눈금실린더를 사용하여 앞에서(3항) 비커에 남은 $Fe(NO_3)_3$용액 10 ml를 취하여 50 ml 눈금실린더에 옮긴 다음, 증류수를 가하여 전체 부피가 25 ml가 되도록 한다. 이것을 비커에 옮겨서 잘 섞은 다음 이 용액 5.0 ml를 취하여 3번 시험관에 넣고 흔들어서 잘 섞는다.

(5) 이와 같은 조작을 되풀이하여 점차 묽힌 $Fe(NO_3)_3$용액을 차례로 6번 시험관까지 채

운다. 조작이 되풀이될 때마다 실린더와 비커를 씻도록 하여라.

(6) 1번과 2번 시험관 둘레에 각각 종이를 감고 느슨하게 테이프를 붙여서 아래와 윗면이 뚫린 실린더 모양으로 만들어 시험관으로부터 뺄 수 있도록 한다. 이것은 바깥 빛을 차단하기 위함이다.

(7) 흰 종이(또는 거름종이) 위에 두 시험관을 나란히 세운다. 1개의 빈 시험관을 가까이 준비해 둔다. 1번과 2번 시험관을 위에서 내려다볼 때 두 시험관에 든 용액의 색깔이 같아질 때까지 스포이드로 1번 시험관에 든 용액을 빈 시험관으로 옮긴다.

(8) 시험관을 두른 종이 실린더를 벗겨 낸 다음, 센티미터 눈금이 새겨진 그래프 용지를 시험관 뒤에 세워 1번과 2번 시험관에 든 용액의 높이(l)를 잰다.

(9) 위와 같은 조작(6, 7 및 8항)에 따라서 3, 4, 5 및 6번 시험관과 비교한다.

실험 16 - 실험보고서
화학 평형상수(II)

1. 실험 결과 초기농도

시험관 번호	혼합용액의 초기농도, M		색이 같아졌을 때의 높이
	Fe^{3+}	SCN^-	
1			
2			
3			
4			
5			
6			

2. 평형농도 및 평형상수

시험관 번호	$FeSCN^{2+}$	Fe^{3+}	SCN^-	K
1				
2				
3				
4				
5				
6				

3. 색을 띤 화학종이 $FeSCN^{2+}$이 아니라 $Fe(SCN)_2^+$라고 가정하여 실험 결과를 검토해 보아라.

실험 17
비누 제조

1 목적

기름의 비누화 반응과 염석에 의한 물질의 분리법 등을 배우고 실제로 비누를 제조한다.

2 원리

기름이나 지방은 일반적으로 탄소수가 많은 고급지방산인 스테아르산(stearic acid, $C_{17}H_{35}COOH$), 팔미트산(palmitic acid, $C_{15}H_{31}COOH$), 올레산(oleic acid,$C_{17}H_{33}COOH$) 등과 글리세롤(glycerol, $C_3H_8O_3$)과의 에스터 화합물이다.

유지의 일반식

$$
\begin{array}{l}
CH_2 - O\overset{\overset{\displaystyle O}{\|}}{C} - C_nH_{2n+1} \\
| \\
CH - O\overset{\overset{\displaystyle O}{\|}}{C} - C_nH_{2n+1} \\
| \\
CH_2 - O\overset{\overset{\displaystyle O}{\|}}{C} - C_nH_{2n+1}
\end{array}
$$

글리세리드

올레산과 같은 불포화 지방산을 많이 포함하고 있는 유지는 녹는점이 낮다. 즉 실온에서 고체인 지방은 불포화 지방산의 비율이 낮고, 실온에서 액체인 기름은 이 비율이 높다. 지방산의 글리세롤 에스터인 기름이나 지방을 알칼리와 함께 끓이면 비누화(saponification)가 일어나서 지방산의 금속염과 글리세롤이 생긴다. 이 고급지방산의 금속염이 비누이며 금속의 종류에 따라 나트륨 비누, 칼륨 비누, 아연 비누 등으로 나눌 수 있으며 각각의 특성에 따라 용도도 다르다. 여기서는 일반 가정에서 세수 비누나 빨래 비누로 쓰이는 나트륨 비누만을 다루기로 한다.

지방산을 RCOOH로서 표시한다면 유지의 비누화는 다음과 같이 쓸 수 있다.

$$
\begin{array}{lcll}
CH_2-OC(=O)-R_1 & & CH_2OH & R_1COONa \\
| & & | & \\
CH-OC(=O)-R_2 \;+\; 3NaOH & \longrightarrow & CHOH \;+ & R_2COONa \\
| & & | & \\
CH_2-OC(=O)-R_3 & & CH_2OH & R_3COONa
\end{array}
$$

지방산글리세롤에스터(유지) 글리세롤 지방산나트륨 (나트륨비누)

이 실험에서 먼저 문제가 되는 것은 비누화 반응에서 원료 유지의 양에 대해 수산화나트륨을 얼마나 가하면 좋을까 하는 것이다. 이 양을 결정하기 위해서는 각종 유지에 따라 값이 다른 비누화 값(saponification value)을 측정할 필요가 있다.

본 실험을 통해서 기름의 비누화 반응과 염석에 의한 물질의 분리법 등을 배우고 실제로 비누를 만드는 경험을 얻기로 한다.

1. 비누화 값

비누화 값은 유지 1 g을 비누화 하는데 필요한 KOH의 mg 수를 말한다. 비누화 반응은 유지의 카르복실기(carboxyl group-COOH) 1 개에 대해서 KOH 1 분자가 필요한 반응이다. 따라서 유지의 지방산의 알킬기의 크기가 작을수록 유지 1g 안에 들어있는 카르복실기가 많아지므로 비누화 값은 커진다. 또 같은 탄소수의 알킬기일 때는 이중결합이 많을수록 비누화 값도 크게 된다. 다음과 같은 실험으로 비누화 값을 측정해 보자.

(1) 유지 1.5~2 g의 무게를 정확히 재서 200 ㎖ 플라스크에 넣는다.

(2) 0.5 N 수산화 칼륨 알코올 용액 25 ㎖를 첨가하고, 플라스크 위쪽에 냉각기를 장치하여 물중탕에서 천천히 끓을 정도로 30 분 동안 가열한다. 이때 플라스크를 조용히 흔들어서 비누화 반응을 촉진시킨다.

* 0.5 N 수산화 칼륨 알코올 용액 제조 : KOH(분자량 56.11) 28.06 g(0.5 몰)을 가급적 소량의 물에 녹인 후 95% 에탄올을 가해서 1,000 ㎖로 만들고 24시간 방치하여 침전이

생기면 제거한다

(3) 비누화 반응이 끝나면 플라스크를 찬물로 식힌 후 phenolphthalein 지시약을 1 ㎖ 넣고, 비누화 반응에 쓰이고 남아 있는 KOH를 미리 뷰렛에 넣어둔 0.5 N 염산으로 중화 적정한다.

(4) 이번에는 유지는 넣지 않고 0.5 N 수산화칼륨 알코올 용액 25 ㎖ 만을 넣어 위 (3) 과정을 반복한다. 이를 바탕 실험(blank test)이라고 한다.

(5) 위 (3) 과정에서 쓰인 0.5 N 염산의 부피(A ml)와 (4) 과정에서 쓰인 0.5 N 염산의 부피(B ml)의 차가 시료의 비누화에 쓰인 0.5 N KOH 액의 부피(㎖)에 해당한다.

비누화 값은 유지 1 g을 비누화 하는데 필요한 KOH의 mg 수이고, 0.5 N KOH 1 ml 안에는 28.05 mg의 KOH가 있으므로, 비누화 값은 다음 식에 의해 구할 수 있다.

$$\text{비누화 값} = \frac{28.05(A-B)}{\text{시료의 } g\text{수}}$$

일반적으로 비누화 반응은 KOH 대신 NaOH를 사용하는데, 비누화 값을 알면 그 유지를 비누화시키는데 필요한 수산화나트륨의 양을 구할 수 있다.

$$\text{NaOH 필요량(mg)} = \text{비누화 값} \times \frac{\text{NaOH 분자량}}{\text{KOH 분자량}} = \text{비누화 값} \times 0.714$$

2. 비누 제조법

비누의 원료로 쓰이는 유지로는 비누화 값이 높은 것을 선택하는 것이 좋다. 비누화 값이 낮은 것은 탄소수가 많은 고급지방산 유지이며 불검화물(비누화되지 않는 물질)이 많이 남게 된다. 한편 비누화 값이 큰 유지는 저급지방산이 많고 비누화도 잘 일어난다. 실제로 야자유, 버터 등과 같이 비누화 값이 높은 유지는 비누화가 쉽다. 보통 비누 제조에는 비누화 값이 높은 것과 낮은 것을 혼합해서 쓴다.

NaOH을 이용한 비누화의 경우, 처음에는 비교적 묽은 농도의 NaOH 용액을 조금씩 첨가하여 유지를 에멀션화시켜 반응이 일어나기 쉽게 한다. 또 알코올을 소량 첨가하면 유지는 먼저 알코올의 에스터가 되어 알코올에 잘 녹게 되므로 NaOH와 반응하기 쉽게 된다. 비누 제조는 상당한 시간이 걸리므로 끈기 있게 가열하고 잘 저어 주어야 한다.

반응 온도는 80~90℃이므로 높은 온도는 필요치 않다.

반응 도중에 내용물이 빠르게 풀 모양으로 엉켜서 반응이 잘 진행하지 않을 때는 소량의 물이나 알코올을 가한다. 생성한 지방산의 나트륨 염과 글리세롤은 균일하게 섞여 있지만, 소금을 넣고 가열하면 나트륨 염은 두부 같은 모양에서 점차 불투명한 덩어리로 되어서 액 표면에 떠오른다. 이것을 냉각시켜 위층의 비누를 분리하는데, 이를 염석(salt out)이라 한다.

3 기구 및 시약

기구
- 비커(200 ml)
- 석면망
- 시계접시
- 온도계
- 알코올 램프
- 물중탕
- 유리막대

시약
- 식용유
- 스테아르 산
- 황산칼륨(K_2SO_4)
- 염산(HCl)
- 염화나트륨(NaCl)
- 알코올(95%)
- 코코넛 오일(35℃에 보관)
- 수산화나트륨(NaOH)

4 실험방법

1. 비누제조

(1) 스테아르 산 10 g, 식용유 10 g, 코코넛 오일 5 g을 200 ml 비커에 넣는다.

(2) 작은 비커에 NaOH 6 g을 6 ml의 물에 녹인다.

(3) 위 (2)의 NaOH 용액의 반을 취해 2 배로 희석한 후, (1)의 비커에 넣는다. 물의 증발을 막기 위해서 시계접시로 덮어서 물중탕에서 70~80℃가 되도록 30 분 동안 가열한다. 가열하는 동안 내용물은 유리막대로 잘 저어 주어야 한다.

(4) 남은 NaOH 용액을 모두 가하여 다시 30 분 동안 계속 가열한다.

2. 비누화의 완결조사

① 손끝으로 문지르면 미끈미끈하면서 엷은 비늘 모양으로 되는 것이 좋다.

② 유리막대 끝에 묻혀 올리면 실이 빠질 정도로 끈기가 있다.

③ 투명하고 균일한 풀 모양이 된다.

④ 손에 묻힐 때 기름기가 있거나 물방울이 남아 있는 것은 좋지 않다.

⑤ 액 전체가 반투명으로 되고 거품이 있는 상태이다.

⑥ 소량을 알코올에 넣으면 완전히 녹는 것이 좋다.

3. 염석

(1) 위 실험 1-(4)까지 수행한 후, 식염(NaCl) 10 g을 몇 번에 나누어서 넣고 그 때마다 5~6 분씩 가열한다. 식염(NaCl)을 첨가하면 비누는 액면으로 떠오른다.

(2) 비커를 식힌 후 여과포를 사용해 비누를 분리하고 물로 잘 씻는다. 이것을 가온하여 적당한 용기에 옮겨 원하는 모양으로 만들어 건조시킨다.

TIP

(주의사항)
유리막대로 저을 때, 유리 막대가 부러져 손이 베일 수 있으므로 주의를 기울여 안전에 유의한다.

실험 17 - 실험보고서
비누 제조

1. 비누의 제조

① 비누의 수득률 ________________%

2. 염석

결과를 상세히 기록하시오.

3. 비누의 세척작용을 설명하시오.

4. 센물에서 비누가 잘 녹지 않는 까닭은?

5. 비누를 분리시킬 때 소금을 넣는 이유는?

6. 좋은 비누란 어떤 조건을 갖추어야 하는가?

실험 18

I족 양이온의 정성 분석

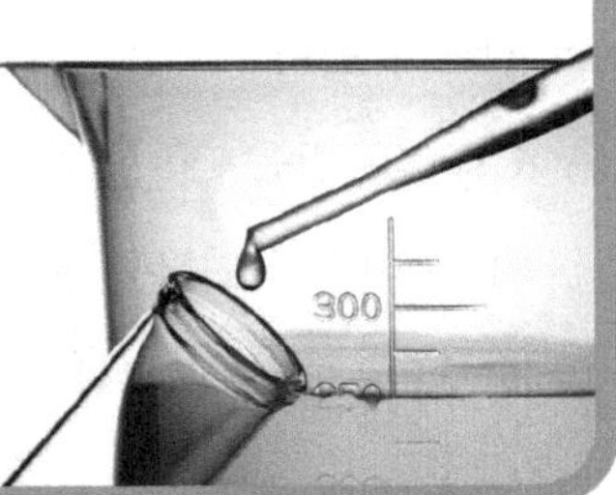

1 목적

양이온 정성분석은 금속 이온의 각종 화학 반응(산·염기 중화 반응, 산화 · 환원 반응, 침전 반응, 착물 형성 반응 등)을 토대로 하여 혼합 용액으로부터 각 이온을 분리시키고 확인하는 분석 방법의 한 종류이다. 따라서 이 방법은 분석을 목적으로 하는 것 외에 화학 반응의 기본 개념과 기초화학 실험의 조작을 익히는 데도 목적이 있다. 여기서는 Ag(Ⅰ), Pb(Ⅱ) 및 Hg(Ⅰ)의 공통점과 차이점을 이용한 정성분석을 이해하고자 한다.

2 원리

1. 정성분석 원리

앞으로 세 단원에서 실험할 양이온의 정성분석에서는 몇 가지 양이온들을 그들의 혼합 용액으로부터 분리하고 확인하는 화학적인 방법을 학습하게 된다. 몇몇 이온들은 공통된 성질을 가지고 있는 까닭에 같은 시약으로 침전시키든가 또는 용해시켜서 이들을 다른 이온들로부터 분리할 수 있는데, 이러한 공통성을 가지고 있는 이온의 무리들을 족(group)으로 구분한다. 이온들을 몇 가지 족으로 분리하고(보통 Ⅰ~Ⅴ족), 다시 각 족에 들어있는 이온들을 각각의 특성을 이용하여 또 다시 분리하여 검출 또는 확인한다.

첫 번째 족인 Ⅰ족에 속하는 양이온들은 Ag^{+}, Hg_2^{2+}, Pb^{2+} 등이 있으며, 이들은 산성 용액에서 염화 이온과 반응하여 $AgCl$, Hg_2Cl_2, $PbCl_2$의 난용성 염화물 침전을 형성하는 공통된 특성이 있다. 따라서 이 이온들이 존재하는 용액에 HCl을 가하면 침전이 생기고, 이 침전을 걸러내면 다른 이온들과 분리할 수 있는데, 거르기 전에 염산을 적당량 충분히 가해야 된다. 그러나 염산을 필요 이상으로 너무 많이 가할 경우에는 $AgCl$의 침전이 $AgCl_2^-$ 와 같은 착이온을 형성하면서 얼마간 녹기 때문에 주의하여야 한다.

I족 이온의 염화물 중에서 $PbCl_2$는 뜨거운 물에는 잘 녹기 때문에 이 성질을 이용하면 이것을 다른 염화물과 분리할 수 있다. 위에서 얻은 침전에 뜨거운 물을 가하여 $PbCl_2$를 녹여 낸 용액에 크롬산칼륨(K_2CrO_4) 용액을 가하면 CrO_4^{2-} 이온과 Pb^{2+} 이온이 반응하여 $PbCrO_4$의 노란색 침전이 생성되므로 Pb^{2+} 이온을 검출할 수 있다.

다른 두 가지 염화물인 $AgCl$ 및 Hg_2Cl_2의 혼합 침전에는 암모니아수를 가하여 이들을 분리할 수 있는데, 이때 $AgCl$은 착이온 $Ag(NH_3)_2^+$로 변하여 녹고, Hg_2Cl_2는 암모니아와 반응하여 회색 또는 검은색 침전을 만들기 때문에 Hg^{2+} 이온의 확인 반응으로 이용된다. Hg_2Cl_2는 불균등화 반응(disproportionation)을 하여 일부는 산화되는 동시에 일부는 환원된다. 이 반응에서 생성되는 물질은 염화 아마이드 수은(II), 즉 $HgNH_2Cl$와 금속 수은이기 때문에 침전은 회색 또는 검게 보인다.

$Ag(NH_3)_2^+$ 착이온이 들어있는 무색 용액에 질산을 가하면 은-암모니아 착이온이 파괴되어 $AgCl$의 흰 침전이 다시 나타나기 때문에 Ag^+ 이온을 확인할 수 있다.

그림 18.1은 각 이온들에 대한 계통 분석표이다. 이 분석표를 보면 어떻게 각 이온의 존재를 확인할 수 있는지를 한 눈에 알 수 있게 해준다.

2. 관련된 화학 반응식들

(1) 염화물 침전의 형성(산성 용액에서) : HCl 용액 사용

$Pb^{2+}(aq) + 2Cl^-(aq) \rightarrow PbCl_2(s)$ 흰색 침전

$Ag^+(aq) + Cl^-(aq) \rightarrow AgCl(s)$ 흰색 침전

$Hg^{2+}(aq) + 2Cl^-(aq) \rightarrow Hg_2Cl_2(s)$ 흰색 침전

여기서 HCl을 너무 과량 넣어주면 $PbCl_2(s)$와 $AgCl(s)$이 다음과 같은 반응에 의해 착이온을 형성하면서 다시 녹게 되므로 주의한다.

$$PbCl_2(s) + 2\ Cl^-(aq) \rightleftarrows PbCl_4^{2-}(aq)$$

$$AgCl(s) + Cl^-(aq) \rightleftarrows AgCl_2^-(aq)$$

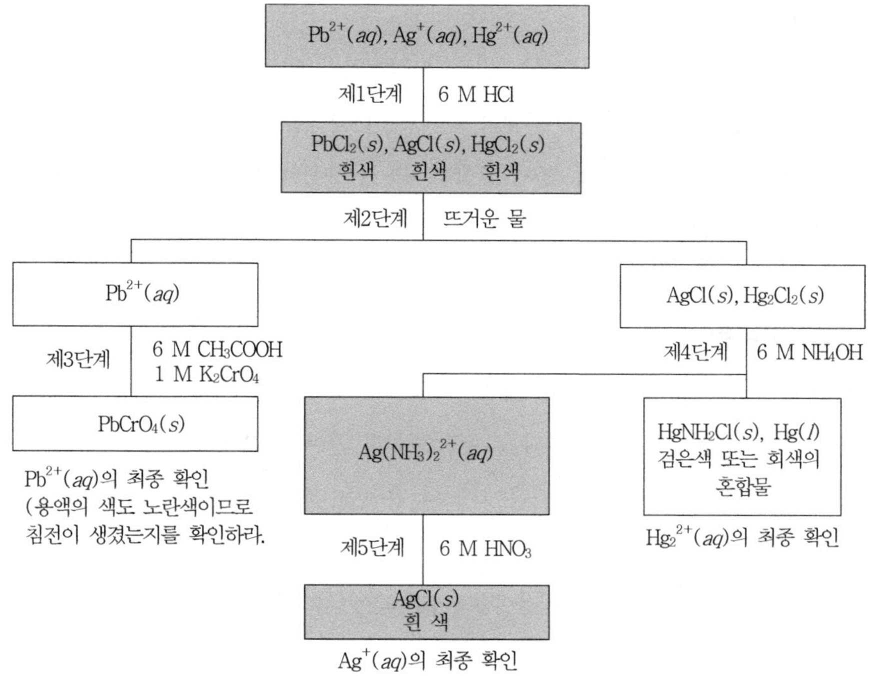

| 그림 18.1 | 양이온 I족 계통 분석표

(2) $PbCrO_4(s)$의 형성

$PbCl_2(s) \rightarrow Pb^{2+}(aq) + 2Cl^-(aq)$

$Pb^{2+}(aq) + CrO_4^{2-}(aq) \rightarrow PbCrO_4(s)$ 노란색 침전

(3) $AgCl(s) \rightarrow Ag(NH_3)_2^+ \rightarrow AgCl(s)$의 과정

$AgCl(s) + 2\ NH_3(aq) \rightarrow Ag(NH_3)_2^+ + Cl^-(aq)$

$Ag(NH_3)_2^+(aq) + 2\ H^+(aq) + Cl^-(aq) \rightarrow AgCl(s) + 2\ NH_4^+(aq)$

(4) $Hg_2Cl_2(s)$의 불균등화 반응(disproportionation reaction)

$Hg_2Cl_2(s) + 2NH_3(aq) \rightarrow HgNH_2Cl(s) + Hg(l) + NH_4^+(aq) + Cl^-(aq)$

즉, $Hg_2^{2+}(aq) \rightleftarrows Hg^{2+}(aq) + Hg(l)$로 나타낼 수 있다.

3. 침전의 분리 및 거르기

침전을 용액으로부터 분리하기 위해 원심분리기(centrifuge)를 사용하든가 진공여과(vacuum filtration)를 하여 시간을 절약하는데, 특히 전자는 분리시간이 2~3분 정도로서 신

속하여 좋다.

원심분리로 침전을 분리할 때에는 반드시 검체가 들어있는 원심분리 시험관과 정반대 쪽에 같은 양의 물을 넣은 시험관을 걸어서 무게의 균형을 잡아 주어야 한다. 검체가 짝수 개이면 그들만으로 정반대 쪽에 놓아 조작할 수 있으나, 검체가 홀수 개이면 반드시 물만 넣은 시험관을 반대편에 걸어서 균형을 잡아야 한다.

4. 침전을 씻는 법

분석과정에서 침전을 씻는 일은 매우 중요하다. 그렇지 않으면 용액 중에 들어 있던 다른 이온에 의해 오염되어 분석 결과를 판단하는데 곤란을 일으키는 원인이 된다.

원심분리로 침전을 가라앉힌 다음에 위의 용액을 적하 피펫으로 빨아낸다[그림 18.2]. 거른 액이 다음 실험과정에 필요할 때에는 표지를 붙여서 보관한다.

침전을 용액으로부터 분리한 다음에는 이것을 씻어야 하는데, 이때는 증류수 약 0.5 ml를 넣고 젓개 [그림 18.3]로 침전을 잘 저어준 다음 다시 원심분리기로 침전을 분리한다. 이렇게 두 번만 씻으면 보통 충분하다. 때로는 어떤 특정한 이온을 완전히 제거해야 되는데, 이때는 씻어낸 용액(washings)을 검사하여 그 이온이 없음을 확인해야 한다.

5. 적하 피펫

이것은 적당한 굵기의 유리관을 써서 유리 공작하여 [그림 18.2]와 같이 만든다. 좁은 부분의 굵기는 약 2 mm정도로 하고 끝은 좀 더 가늘게 약간만 뽑는다. 굵은 부분의 길이는 적당히(약 3 cm) 하되 좁은 부분은 약 8~10 cm로 하면 원심 분리관의 바닥까지 충분히 닿을 것이다. 적하 피펫은 주로 침전을 여과할 때 쓰는데, 원심 분리한 침전 위의 용액을 이것으로 뽑을 때에는 원심 분리관을 약간 비스듬히 쥐고 피펫의 끝은 액면 바로 밑에 오게 하여야 침전이 따라 올라올 염려가 적다.

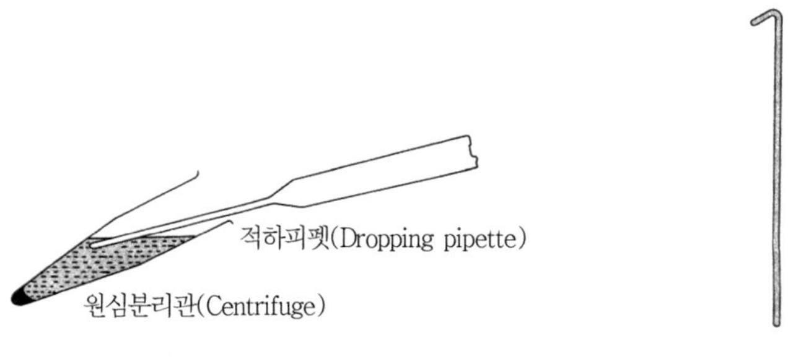

| 그림 18.2 | 침전의 분리

| 그림 18.3 | 젓개

6. 젓개

침전을 저을 때에는 지름 1.5~2 mm 정도의 가느다란 유리막대(젓개)로 저어 준다. 그 길이는 10~11 cm 정도로 하면 원심 분리관의 밑바닥까지 넉넉히 닿을 수 있고, 한 끝의 약 1 cm 정도는 [그림 18.3]과 같이 45° 각도로 구부려서 손잡이로 하면 편리하다.

3 기구 및 시약

기구

- 원심분리기
- 젓개(원심분리용)
- 스포이드 붙은 지시약 병(50 ml)
- $(AgNO_3)$용
- 물중탕
- 씻기병
- 시험관 집게
- 원심분리 시험관(6개)
- 적하 피펫 또는 스포이드
- 스포이드 붙은 지시약병(50 ml, 갈색)
- 리트머스 시험지
- 전열기(500 W)
- 시험관용 솔

시약

- 0.1 M $AgNO_3$
- 0.1 M $Pb(NO_3)_2$
- 1 M K_2CrO_4
- 6 M HNO_3
- 6 M NH_4OH
- 0.1 M $Hg_2(NO_3)_2$
- 6 M HCl
- 6 M NH_3
- 6 M CH_3COOH

4 실험방법

1. 양이온 I족의 침전

(1) Ag^+, Hg_2^{2+}, Pb^{2+}의 질산염의 용액(각각 0.1 M 정도) 1 ml씩을 취하여 1 개의 시험관에 넣어 혼합용액을 만든다. 이 용액 1 ml를 원심 분리관에 넣고 6 M HCl 2방울을 가하여 잘 저어 준 다음 원심분리기에 걸어 침전을 분리한다. 이때에는 같은 양의 물을 넣은 시험관을 원심분리기의 반대쪽에 걸어서 균형을 잡아주어야 하는 것을 잊어서는 안 된다.

(2) 침전 반응이 완결되었는가를 확인하기 위해서 원심 분리한 시료용액에 6 M HCl 방울을 가하고, 침전이 또 생기면 다시 원심 분리하여야 한다.

(3) 윗 부분의 맑은 용액을 조용히 기울여 따라 내거나 또는 스포이드로 조용히 뽑아내면 침전만을 얻을 수 있다. 실제 시료의 경우에 따라 낸 용액 중에 다른 족 이온들이 들어 있을 수 있으므로 다음 단계의 실험을 잘 보관해 두어야 한다.

2. Pb^{2+} 이온의 분리 및 확인

(1) 우선 I족 이온 이외의 다른 족 이온들을 완전히 제거하기 위하여 침전을 잘 씻어내야 된다. 그러기 위해서는 차가운 증류수 2~3 ml를 침전이 들어있는 시험관에 넣고 가느다란 유리막대로 잘 저은 다음 원심분리기에 걸고 그 씻은 물은 버린다. 이렇게 2~3회 정도 씻어내면 다른 족 이온들은 완전히 제거된다(실제 시료의 경우에 해당함).

(2) 증류수 1 ml를 침전이 들어 있는 시험관에 넣고, 이 시험관을 끓는 물 속에 몇 분 동안 담가서 가열한 후 유리막대로 잘 저어준다. 뜨겁게 가열한 시험관을 바로 원심분리기에 걸어서 윗부분의 맑은 용액은 빨리 다른 시험관에 따라낸다. 침전은 잘 보관한다.

(3) 뜨거운 물로 추출한 용액에 6 M 아세트산 1방울을 가하고 다시 1 M K_2CrO_4 용액 2~3방울을 떨어뜨린다. Pb^{2+} 이온이 있으면 $PbCrO_4$의 노란색 침전이 생길 것이다.

3. Hg_2^{2+}의 분리 및 확인

(1) 실험 2에서 남은 침전을 뜨거운 물로 다시 한 번 씻고, 씻은 액은 버린다.

(2) 남은 침전에 6M NH_4OH 용액 10 방울을 가하고 잘 저어준다.

(3) 원심 분리하여 윗 부분의 용액을 다른 시험관에 잘 따라낸다.

(4) 원심분리관 아래쪽에 회색 또는 검은색 침전이 생겼다면 염화 아마이드 수은(II) ($HgNH_2Cl$) 또는 금속 수은이 생긴 것이므로, Hg_2^{2+} 이온의 존재를 확인할 수 있다.

4. Ag^+의 검출

(1) 실험 3-(3)에서 얻은 용액에 6 M HNO_3 몇 방울을 가하여 산성으로 만들고 리트머스 시험지로 확인한다.

(2) 용액을 산성으로 만들었을 때 흰 침전이 생기면 Ag^+ 이온이 있다는 증거가 된다.

TIP

1. 원심분리관에는 표지를 붙여서 혼동이 일어나지 않도록 한다.
2. 원심분리기의 사용법을 조교 선생님으로부터 충분히 설명을 듣고 실험한다.
3. 여기서 족(group)을 주기표의 족과 혼동하지 않도록 한다.
4. 시간이 허락되면 조교 선생님으로부터 미지시료를 받아 분석하여 보아라.
5. $AgNO_3$는 빛에 의해 환원되므로 갈색 지시약 병에 보관한다.

실험 18 - 실험보고서
I족 양이온의 정성 분석

1. 3가지 이온의 혼합 용액을 가지고 행한 정성분석 실험 결과 관측한 사항을 단계별로 나누어 기술하여라.

2. 미지시료를 사용하여 같은 실험한 후 관측사항을 단계별로 기술하여라.

① 제1단계 :

② 제2단계 :

③ 제3단계 :

④ 제4단계 :

⑤ 제5단계 :

3. 따라서 미지시료에는

① Ag^{+}가 (있다, 없다) 이유는?

② Hg_2^{2+}가 (있다, 없다) 이유는?

③ Pb^{2+}가 (있다, 없다) 이유는?

실험 19

음이온의 확인

1 목적

음이온들의 정성 분석법은 거의 양이온 정성 분석에 이용한 반응을 거꾸로 생각하면 가능하다. 여기서는 대표적인 음이온을 점적 시험(spot test)방법으로 검출·확인하는 방법을 다룬다.

2 원리

정성 분석에는 여러 가지 방법이 있는데, 여기서는 가장 간단한 점적 시험(spot test)법을 이용하여 시료에 포함된 성분을 검출 확인하도록 하겠다.

이 방법은 시료 중의 한 가지 성분을 검출하기 위하여 소량의 시료 용액에 적당한 특정 시약을 떨어뜨려서 그 성분 화학종과 특유한 반응을 일으키게 함으로써 어떤 성분이 포함되어 있는가를 확인하는 방법이다. 이 방법의 결점은 여러 가지 성분이 포함되어 있는 복잡한 혼합 시료인 경우에는 한 성분이 다른 성분의 검출을 방해하는 것이다. 그러므로 시료가 복잡할수록 조심스럽게 적당한 조건을 택하여 점적 시험을 하도록 해야 한다.

그러나 서로 방해하는 성분 화학종이 포함되어 있는 시료를 정성 분석하는 데는 이들 성분을 점적 시험하기에 앞서 먼저 이들 성분을 서로 분리하도록 해야 한다. 또는 용액의 pH를 변화시키든지 가리움제(masking agent)를 가하여 한 가지 화학종을 반응하지 못하게 하고 다른 화학종만을 반응시켜 검출하는 방법을 쓴다.

3 기구 및 시약

기구

- 시험관(10×100 mm)
- 시험관 대
- 시험관용 솔
- 눈금 피펫(50 ml)
- 리트머스 종이
- 스포이드
- 물중탕
- 전열기(500 W)
- 씻기병
- label
- 스포이드 붙은 지시약 병(50 ml)
- 스포이드 붙은 지시약 병(50 ml, 갈색, $AgNO_3$용)
- 시험관 집게

시약

- 0.5 M Na_2CO_3
- 0.5 M Na_2SO_4
- 1 M $BaCl_2$
- 0.5 M Na_2HPO_4
- 6 M HNO_3
- 0.5 M $(NH_4)_2MoO_4$
- 0.5 M K_2CrO_4
- 3% H_2O_2
- 0.5 M KSCN
- 6 M HCl
- 0.1 M $Fe(NO_3)_3$
- 0.5 M NaCl
- 0.1 M $AgNO_3$
- 6 M CH_3COOH
- 0.5 M $NaC_2H_3O_2$
- 3 M H_2SO_4
- 6 M NaOH
- 0.5 M NH_4Cl

4 실험방법

다음과 같은 흔히 볼 수 있는 이온들이 포함되어 있는 혼합 시료의 정성분석을 점적 시험을 이용하여 확인하도록 하자.

CO_3^{2-}　　PO_4^{3-}　　Cl^-　　SCN^-

SO_4^{2-}　　CrO_4^{2-}　　CH_3COO^-　　NH_4^+

여기서 이용하는 화학 반응은 간단한 산·염기 중화, 침전, 착이온 형성 또는 산화·환원 반응 등이다. 모든 경우에 일어나는 각 반응을 잘 이해하고, 그 반응의 이온식을 기록하여라.

이러한 점적 시험은 0.02 M 또는 이보다 진한 시료 용액을 사용하면 좋다. 그러므로 분배받은 용액(대략 0.2 M)을 10배로 묽혀서 사용하면 된다.

1. 탄산이온(CO_3^{2-})

(1) 작은 시험관에 0.5 M Na_2CO_3 1 ml를 취하고 여기에 6 M HCl 1 ml를 가한다.

(2) 탄산 이온이 있다면 이산화탄소의 기포가 발생한다. 시료 용액이 묽을 때는 물중탕에 담가서 저으면 기포의 발생이 활발하게 된다. 필요하면 발생하는 기체에 대하여 이산화탄소 검출시험을 해보아라.

2. 황산이온(SO_4^{2-})

(1) 0.5 M Na_2SO_4 1 ml에 6 M HCl 1 ml를 가하고, 1 M $BaCl_2$ 1~2방울을 가한다.

(2) 황산 이온이 있다면 흰 침전($BaSO_4$)이 생긴다.

3. 인산이온(PO_4^{3-})

(1) 0.5 M Na_2HPO_4 1 ml에 6 M HNO_3 1 ml를 가한다.

(2) 다음에 0.5 M$(NH_4)_2MoO_4$ 1 ml를 가하고 잘 젓는다.

(3) 인산이 있다면 노란 침전 (인산 몰리브덴산암모늄, $(NH_4)_3PO_4 \cdot 12MoO_3$)이 생긴다. 묽은 시료 용액인 경우에는 물중탕에 담그면 침전이 천천히 생긴다.

4. 크로뮴산이온(CrO_4^{2-})

크로뮴산은 중성 또는 염기성에서는 노란색을 띠고, 산성에서는 주황색의 다이크로뮴산 이온($Cr_2O_7^{2-}$)으로 변하며 센 산화작용을 나타낸다.

(1) 0.5 M K_2CrO_4 1 ml에 6 M H_2SO_4 2 ml를 가한다.

(2) 이때 환원제(SCN^-, NH_4^+)가 같이 있으면 크로뮴산이 푸른 Cr^{3+} 이온으로 변한다. 이 사실로 크로뮴산의 존재를 알 수 있다. 만약 색 변화가 없으면 찬물에 식히고, 3% H_2O_2 1 ml를 가한다. 크로뮴산은 불안정한 푸른색의 CrO_5로 된다. 이것은 곧 퇴색되어 버린다.

5. 싸이오사이안산이온(SCN^-)

(1) 0.5 M KSCN 1 ml에 아세트산 1 ml를 가하여 젓고 0.1 M $Fe(NO_3)_3$ 1방울을 가한다.

(2) 진한 붉은색의 $FeSCN^{3-n}$(n값은 1부터 6까지) 착이온이 생긴다.

6. 염화이온(Cl^-)

(1) 0.5 M NaCl 1 ml에 6 M HNO_3 1 ml를 가하고, 0.1 M $AgNO_3$ 몇 방울을 가한다.

(2) 염화 이온이 있으면 흰 침전 AgCl이 생긴다.

(3) 만약 싸이오사이안산 이온 SCN^-이 같이 있어도 역시 흰 침전을 생성한다. 이 경우에는 시료 용액 1 ml를 50 ml 비커에 취하여 6 M HNO_3 1 ml를 가하고 천천히 가열하여 용액을 반으로 증발시킨다. 이 반응으로 SCN^-은 산화되므로 방해하지 않게 되고, 염화 이온만이 흰 AgCl의 침전을 만들게 한다.

7. 아세트산이온(CH_3COO^-)

(1) 0.5 M $NaC_2H_3O_2$ 1 ml에 3 M H_2SO_4 1 ml를 가하여 젓는다.

(2) 아세트산의 특유한 냄새가 나온다. 끓는 물중탕에 담그면 냄새가 더 세게 나온다. 시료 용액이 묽을 때는 산을 가하기에 앞서 미리 가열 농축시켜서 시험하도록 한다.

8. 암모늄이온(NH_4^+)

(1) 0.5 M NH_4Cl 1 ml에 6 M NaOH 1 ml를 가한다.

(2) 암모늄 이온이 있으면 NH_3가 발생하여 특유한 냄새를 낸다.(후드 안에서 진행) 물에 적신 붉은 리트머스 종이를 접촉시키면 푸른색으로 변한다.

9. 미지시료

위의 예비시험이 끝나면 실험 조교 선생님으로부터 미지시료를 지급 받아 1 ml씩 나누어 위의 시험법을 적용하여 포함된 성분 이온을 모두 알아내도록 한다. 미지시료에는 이들 이온이 4~5종 포함되어 있을 것이다. 어떤 경우에는 이들 이온이 서로 방해하는 수가 있을 것이므로 조심스럽게 실험하고, 방해할 때는 그 이유를 밝혀보도록 노력해야 한다.

TIP

1. 시약은 모두 스포이드가 붙은 지시약 병을 사용하여 여러 조가 공동으로 사용하도록 하면 좋다.
2. 시험관에 각각 표지를 붙여서 실험 결과를 구분할 수 있도록 하여라.

실험 19 - 실험보고서
음이온의 확인

1. 관찰 및 설명

이 온	예비시험의 관찰 및 설명
CO_3^{2-}	
SO_4^{2-}	
PO_4^{3-}	
CrO_4^{2-}	
Cl^-	
CH_3COO^-	
SCN^-	
NH_4^+	
	미지시료의 관찰 및 설명
CO_3^{2-}	
SO_4^{2-}	
PO_4^{3-}	
CrO_4^{2-}	
Cl^-	
CH_3COO^-	
SCN^-	
NH_4^+	

2. 다음 각 이온의 정성분석에 이용되는 특유한 화학 반응의 알짜 이온반응식(net ionic equation)을 써라.

① CO_3^{2-}

② SO_4^{2-}

③ PO_4^{3-}

④ CrO_4^{2-}

⑤ Cl^-

⑥ CH_3COO^-

⑦ SCN^-

⑧ NH_4^+

3. 위에서 취급한 이온들 중 몇 가지만을 포함하는 미지시료 용액이 있다. 그 성질은 다음과 같다.

① 미지용액은 색과 냄새가 없었다.

② 6 M HNO_3를 가하여 가열하였더니 식초 냄새가 났다.

③ 이 용액에 0.1 M $AgNO_3$를 가하였더니 흰 침전이 생겼다.

④ 0.1 M $BaCl_2$를 가하여 산성화하였더니 깨끗한 용액을 얻었다.

⑤ 6 M NaOH를 가하였더니 기체를 발생하고, 젖은 붉은 리트머스 종이를 푸른색으로 변화시켰다.

위와 같은 관찰 정보에 따라 이 시료 중에 어떤 이온이 분명히 들어 있고, 어떤 이온이 분명히 들어 있지 않으며, 또 어떤 이온이 들어 있는지 의심스러운가를 밝혀라.

들어 있는 것 ______________________

들어 있지 않은 것 ______________________

들어 있는지 의심스러운 것 ______________________

실험 20

산화-환원적정(I)

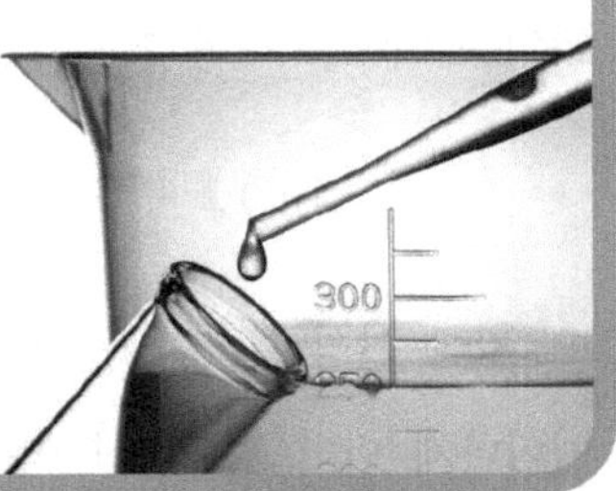

1 목적

산화제 또는 환원제의 표준용액을 사용하여 시료 물질을 완전히 산화 또는 환원시키는 데 소모된 양을 측정하여 시료 물질을 정량하는 방법이 산화·환원 적정법이다. 이 실험에서는 옥살산나트륨($Na_2C_2O_4$)을 일차 표준물질로 하여 과망간산 칼륨($KMnO_4$) 용액의 농도를 표준화하고, 이 용액을 이용하여 과산화수소 수용액을 정량한다. 또한 이 산화·환원 반응들의 종말점을 산화제인 과망간산 칼륨 자체의 색을 이용하여 결정하는 법을 익힌다.

2 원리

산화·환원 적정(oxidation-reduction titration)이라 함은 산화제 또는 환원제의 표준용액을 써서 시료 물질을 완전히 산화 또는 환원시키는 데 소모된 양을 측정하여 시료 물질을 정량하는 용량분석법(volumetric analysis)의 하나이다. 산화제는 다른 물질에서 전자를 빼앗아 자신은 환원되고, 환원제는 다른 물질에 전자를 내주고 자신은 산화된다.

산화·환원 적정법에서의 종말점(end point)은 과망간산 적정법에서처럼 지시약을 넣지 않는 경우와, 아이오딘 적정법과 같이 지시약을 사용하는 경우 및 전위차 적정법에서와 같이 전기적인 방법으로 결정하는 방법 등이 있다.

적정에 이용할 수 있는 산화제는 여러 가지 있으나 가장 대표적인 것은 과망간산 칼륨과 아이오딘이다.

과망간산 칼륨을 이용한 적정에서는 주로 산성 용액에서 과망간산 이온이 Mn^{7+}(망간

(VII))에서 Mn^{2+}(망간(II))이온으로 환원되면서 내는 강력한 산화작용에 의하여 시료가 산화되는 반응을 이용한다.

$$MnO_4^- + 8H^+ + 5e \rightarrow Mn^{2+} + 4H_2O \qquad E^o = 1.51\ \text{Volt}$$

황산 산성 용액에서 철(II)염과 과망간산 칼륨을 반응시킬 때 다음 식과 같은 반응이 일어나게 되어 과망간산 이온 (MnO_4^{2-})의 색(분홍색)이 사라진다.

$$MnO_2^- + 5Fe^{2+} + 8H^+ \rightarrow Mn^{2+} + 5Fe^{3+} + 4H_2O$$

만일 일정량의 황산철(II) 용액에 뷰렛으로부터 과망간산 칼륨 용액을 떨어뜨려서 적정할 경우, Fe^{2+}이온이 모두 산화되어 Fe^{3+}이온으로 바뀌면 과량으로 들어간 1방울의 과망간산 칼륨 용액의 MnO_4^-의 붉은 색이 남아 있게 되어 종말점을 알 수 있다.

산화·환원 적정에 흔히 쓰이는 산화제 표준물질은 과망간산 칼륨, 중크롬산 칼륨, 브롬산칼륨, 아이오딘산 칼륨, 황산 세륨 등이 있다.

$$MnO_4^- + 8H^+ + 5e \rightarrow Mn^{2+} + 4H_2O$$

위의 반응에서 전자수의 변화는 5 몰이다. 즉 MnO_4^-이온 1 몰이 전자 5 몰을 받아들였으므로 과망간산 칼륨 1 몰은 5 그램당량이다. 따라서 이러한 반응에 의하여 산화반응이 일어날 경우 1 M $KMnO_4$용액의 노르말 농도는 5 N이다.

그러나 같은 과망간산 칼륨이라도 염기성이나 중성 용액에서는 다음과 같이 반응한다.

$$MnO_4^- + 2H_2O + 3e \rightarrow MnO_2 + 4OH^-$$

이때의 전자수의 이동은 3 몰이므로 과망간산칼륨 1 몰은 3 그램당량이다. 이러한 반응이 일어나는 반응에서는 1 M의 $KMnO_4$ 용액은 3 N이다.

3 기구 및 시약

기구
- 100 ml 용량플라스크
- 250 ml 삼각플라스크(2개)
- 10 ml 피펫(2개)
- 갈색 시약병
- 온도계
- 뷰렛(50 ml)
- 뷰렛클램프 및 스탠드
- 물중탕과 전열기(500 W)

• 화학저울
• 고무빨개
• 무게다는 병(10 ml)
• 100 ml 눈금실린더

시약
• 0.1 N의 $KMnO_4$ 표준용액
• H_2SO_4(1:1)
• 3% H_2O_2
• 옥살산 나트륨($Na_2C_2O_4$)

4 실험방법

이 실험에서는 지시약을 별도로 가하지 않고도 종말점을 알 수 있는 편리한 방법인 과망간산 적정법을 배우기로 한다. 준비실로부터 약 500 ml의 0.1 N의 $KMnO_4$용액(표준용액)을 받아서 갈색 시약병에 보관하고 다음과 같은 방법으로 그 농도를 결정한다. $KMnO_4$용액은 강한 빛에 의하여 어느 정도 분해되므로 갈색병에 보관하여 분해로 인한 농도변화를 방지한다.

1. 0.1 N 과망간산칼륨 용액의 표준화

과망간산칼륨 용액의 농도를 결정하는 데 쓰이는 일차 표준물질로서는 산화비소(III), 옥살산, 옥살산 나트륨, 순수한 철 및 모어염 등이 있으나, 이 실험에서는 옥살산 나트륨을 쓰기로 한다.

옥살산 나트륨은 과망간산 칼륨과 반응하여 다음과 같은 산화·환원 반응을 일으킨다.

$$2\ MnO_4^- + 5C_2O_4^{2-} + 16H^+ \rightarrow 2\ Mn^{2+} + 10CO_2 + 8\ H_2O$$

(1) 순도가 높은 옥살산 나트륨 약 0.7 g을 취하여 화학저울로 정밀하게 무게를 달아 100 ml 용량플라스크에 손실 없이 조심스럽게 넣고, 소량의 증류수(10 ml 이상)를 넣어 흔들어서 완전히 용해시킨 후 눈금까지 조심스럽게 증류수를 채운 다음 잘 섞어 준다.

(2) 이 용액 10 ml를 피펫으로 정확하게 취하여 250 ml 들이 삼각플라스크에 넣고 전체액량이 약 70 ml로 되게 증류수 60 ml를 가하여 희석시킨 후 황산(1:1) 5 ml를 가한다.

(3) 이 삼각플라스크를 70~80℃로 유지된 물중탕에 담가 놓고 잘 흔들어 주면서 뷰렛으로부터 과망간산 칼륨 표준용액을 천천히 가하여 적정한다. 적정 도중에는 가한 과망간산 칼륨 용액의 자주색이 퇴색되어 금방 없어질 것이나 당량점에 가까워지면 용액을 잘 흔들어 주지 않으면 색깔이 쉽사리 없어지지 않는다. 적정 용액의 마지막 1 방울에 의

하여 희미한 분홍색이 약 30초 동안 없어지지 않고 지속되는 점을 종말점으로 잡는다.

(4) 미리 준비한 다른 삼각플라스크에 종말점에서와 같은 양의 순수한 증류수를 넣고 여기에 과망간산 칼륨 용액 1방울을 가하여 생긴 용액의 색과 같도록 종말점의 색을 견주면 종말점이 더욱 명료해진다.

이상의 실험을 3번 반복하여 평균값을 구하고, 이 값으로부터 과망간산 칼륨 용액의 정확한 농도를 다음 식에 따라서 구하여라.

$$N = \frac{1000w}{VA} \times \frac{m}{M}$$

여기서 N은 $KMnO_4$ 용액의 노르말 농도, w는 옥살산나트륨의 무게(g), V는 적정에 소비된 $KMnO_4$ 용액의 부피(ml), A는 옥살산 나트륨의 당량(67.00), M은 wg의 옥살산 나트륨을 증류수에 녹여서 희석시킨 용액의 부피(ml), m은 희석용액에서 취한 옥살산 용액의 부피(ml)이다.

2. 과망간산 적정법에 의한 과산화수소 수용액의 정량

과산화수소는 산성 용액에서 과망간산 칼륨에 의하여 다음과 같이 산화되므로 H_2O_2 1몰은 2 그램당량이다.

$$2\ MnO_4^- + 5H_2O_2 + 6H^+ \rightarrow 2\ Mn^{2+} + 5\ O_2 + 8\ H_2O$$

(1) 3% 과산화수소수(비중 1.01) 10 ml를 피펫으로 정확하게 취하여 100 ml 들이 메스플라스크에 넣고 눈금까지 조심스럽게 증류수를 채운다.

(2) 이 용액 5 ml를 정확하게 취하여 250 ml 들이 삼각플라스크에 넣고 증류수 95 ml로 묽혀서 전체액량이 100 ml 정도로 되게 한 다음 황산(1:1) 10 ml를 가한다.

(3) 이것을 상온에서 뷰렛으로부터 0.1 N $KMnO_4$ 표준용액을 조심스럽게 천천히 떨어뜨려서 적정한다. 마지막 1방울에 의하여 희미한 분홍색이 없어지지 않고 30초 이상 지속되는 점이 종말점이다.

이상의 실험을 3번 반복하여 평균값을 구하고, 이 값으로부터 과산화수소수의 정확한 농도(%)를 다음 식에 따라서 구한다.

$$\text{농도}(\%) = \frac{VNA}{10w} \times \frac{M}{m}$$

여기서 V는 소비된 $KMnO_4$용액의 부피(㎖), N은 $KMnO_4$용액의 노르말 농도, A는 H_2O_2의 당량(17.01), w는 과산화수소수의 무게(g), M은 과산화수소 wg을 증류수에 녹여 희석한 용액의 부피(㎖)이고, m은 희석용액에서 취한 용액의 부피(㎖)이다.

실험 20 - 실험보고서
산화-환원적정(I)

1. 과망간산 칼륨 용액의 농도 결정

① 옥살산 나트륨의 무게 ______________g

② 소비된 과망간산 칼륨 용액의 부피
1회 ______________mℓ
2회 ______________mℓ
3회 ______________mℓ
평균 ______________mℓ

③ 과망간산 칼륨 용액의 노르말 농도 계산식

④ 과망간산 칼륨 용액의 노르말 농도 ______________N

2. 과망간산 적정법에 의한 과산화수소 용액의 정량

① 3% 과산화수소의 비중 ______________

② 취한 과산화수소 용액의 부피 ______________mℓ

③ 취한 과산화수소 용액의 무게 ______________g

④ 소비된 과망간산 칼륨 표준용액의 부피
1회 ______________mℓ
2회 ______________mℓ
3회 ______________mℓ
평균 ______________mℓ

⑤ 과산화수소의 농도(%) 계산식

⑥ 과산화수소의 농도(%) ______________%

3. 옥살산 나트륨으로 과망간산 칼륨 용액의 농도를 결정할 때 처음에는 탈색되는 데 시간이 걸리나 일단 반응이 시작되면 원활하게 탈색이 진행되는 이유는 무엇인가?

4. 또한 위의 농도 결정을 할 때에 온도를 60℃ 정도로 유지하는 이유는 무엇인가?

5. 과망간산 칼륨 적정을 산성 용액에서 행할 때 염산이나 질산을 사용하지 않고 황산 용액을 사용하는 이유는 무엇인가?

6. 적정하기 전에 시료 용액을 증류수로 묽혀 전체 액량을 70 ㎖로 만들어서 적정하는 이유를 생각해 보아라.

실험 21

산화-환원적정(II)

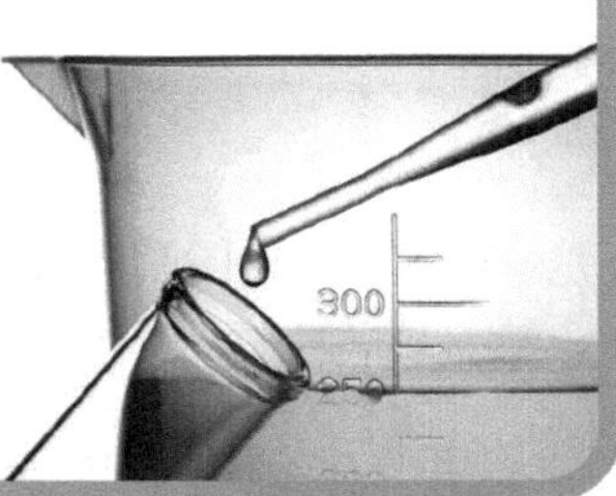

1 목적

산화제인 아이오딘의 성질을 이해하고 아이오딘 적정법에 의해 황산구리를 정량함으로써 산화-환원 반응의 원리와 응용성을 이해한다.

2 원리

산화제와 환원제를 정량하는 데는 적정법을 이용하는 것이 편리하다. 미지의 환원제는 적당한 산화제의 표준용액으로 적정하고, 미지의 산화제는 환원제 표준용액으로 적정한다. 산화 반응은 한 화학종이 전자를 잃어버리는 반응이고, 환원 반응은 전자를 받아들이는 반응이다. 따라서 산화-환원 반응에서는 한 개의 화학종이 주고받는 전자의 개수에 따라 그 물질의 당량이 결정된다. 같은 화학종이라 할지라도 다음과 같이 일어나는 반응에 따라 1 당량의 무게가 달라진다.

$$Fe^{3+} + e^{-} \rightarrow Fe^{2+}$$

의 경우 Fe^{3+} 및 Fe^{2+}는 1 mol이 1 당량에 해당되며,

$$Fe^{3+} + 3e^{-} \rightarrow Fe$$ 의 경우 Fe^{3+} 및 Fe

는 1 mol이 3 당량에 해당된다.

아이오딘 법 적정은 과망간산 법 적정과 함께 가장 널리 사용되는 산화-환원 적정법으로 아이오딘은 화학분석에 대단히 중요한 물질이다. 아이오딘은 순수한 물에 녹기 어렵지만(용해도 : 0.00133 M, 25℃) 과량의 아이오딘화 이온이 이미 녹아 있는 용액에는 다음과

같이 삼아이오딘화 이온이 되어 녹는다.

$$I_2(aq) + I^-(aq) \rightleftharpoons I_3^-(aq) \quad K = 708$$

그러므로 아이오딘의 실제 산화-환원 반응은 다음과 같다.

$$I_3^- + 2e^- \rightleftharpoons 3I^-$$

산화형 I_3^-는 여러 가지 환원제를 정량적으로 산화시킬 수 있는 적당한 산화제인 동시에 환원형 I^-는 여러 가지 산화제와 반응할 수 있는 적당한 환원제이다. 그러므로 아이오딘 적정에는 삼아이오딘화 이온을 산화제로 사용하여 환원제로 직접 결정하는 방법과 과량의 아이오딘화 이온 용액을 산화제에 가하여 정량적으로 삼아이오딘화 이온을 생성시켜 이것을 다시 정량하는 간접법이 있다. 전자를 아이오딘 법(iodimetry), 후자를 아이오딘화 법(iodometry)이라 부른다. 그러나 총괄적으로 아이오딘 법이라고 부르는 것이 보통이다.

아이오딘화 법의 경우 산화제 시료(Cu^{2+})에 과량의 아이오딘화 이온(KI)을 환원제로 가하면 산화제인 I_3^-가 생성된다.

$$2Cu^{2+} + 5I^- \rightleftharpoons I_3^- + 2CuI$$

이때 생성된 I_3^-는 싸이오황산 표준용액으로 적정하면 다음과 같은 반응이 일어난다.

$$I_3^- + 2\ S_2O_3^{2-} \rightleftharpoons 3\ I^- + S_4O_6^{2-}$$

I_3^-의 색은 진할 때는 갈색이고 묽으면 노란색을 띤다. 색이 없는 용액에서는 5×10^{-6} M 정도의 I_3^- 이온도 눈으로 식별할 수 있으나 일반적으로 아이오딘 법의 종말점은 녹말 용액 지시약을 이용하여 결정한다. 녹말 콜로이드용액은 아이오딘과 반응하여 일종의 착물을 만들며 대단히 선명하고 진한 청색을 나타낸다. 한편 아이오딘화 법 적정에 있어 녹말 지시약 용액은 아이오딘의 진한 용액에서 다소 변질되기 때문에 아이오딘이 묽어지는 종말점 가까이에서 녹말 용액을 가하는 것이 좋다.

3 기구 및 시약

기구
- 비커(500 ml)
- 삼각플라스크(500 ml, 250 ml, 100 ml)
- 부피플라스크(250 ml)
- 뷰렛

	• 적정장치	• 삼중대 저울
	• 피펫	• 눈금실린더
시약	• 싸이오황산나트륨($Na_2S_2O_3$)	• 황산구리($CuSO_4$)
	• 아이오딘화 칼륨(KI)	• 질산(HNO_3)
	• 녹말 지시약	• 진한 염산(HCl)
	• 아세트산(CH_3COOH)	• 중크롬산 칼륨($K_2Cr_2O_7$)

4 실험방법

1. 0.1 N 싸이오황산나트륨 표준용액 만들기

(1) 싸이오황산나트륨(분자량 무수물 158.11, 5 수화물 248.18) 약 0.1 N 용액 500 ml를 만든다.

(2) 중크롬산칼륨 1.5 g정도를 정확히 달아 250 ml 용량플라스크에 넣고 표선까지 증류수를 채우고 이 용액 25 ml를 피펫으로 정확히 취하여 500 ml 삼각플라스크에 넣고 진한 염산 8 ml를 가한 후 아이오딘화칼륨 2 g을 넣고 녹인 후 10분간 방치한다.

(3) 여기에 다시 증류수 200 ml를 가한 후 0.1 N 싸이오황산나트륨 용액을 뷰렛에 채우고 이 용액을 잘 흔들면서 적정한다. 종말점 근처에서 아이오딘 용액이 묽어져 엷은 황색으로 될 때 녹말 지시약 용액 1~2 ml를 가하여 청색을 띠게 한다. 적정은 이 청색이 없어질 때까지 계속한다.

약한 산성 용액에서 과량의 중크롬산 음이온은 아이오딘 이온과 반응하여 다음과 같이 정량적으로 아이오딘을 생성한다.

$$K_2Cr_2O_7 + 14\ HCl + 6KI \rightarrow 3\ I_2 + 2\ Cr_2Cl_3 + 8\ KCl + 7\ H_2O$$

적정에 의한 아이오딘과 싸이오황산 음이온과의 반응은 다음과 같다.

$$I_2 + 2\ S_2O_3^{2-} \rightarrow 2\ I^- + S_4O_6^{2-}$$

0.1 N 싸이오황산나트륨 용액의 정확한 노르말 농도 N은 다음과 같이 구한다.

$$N = \frac{1000w}{VA} \times \frac{m}{M}$$

w, A는 중크롬산 칼륨의 무게(g) 및 당량(49.03), V는 적정에 소모된 싸이오황산나트륨 용액의 부피(ml), M은 wg의 중크롬산 칼륨을 녹인 용액의 전체 부피(ml), m은 적정에 실제 사용된 중크롬산 칼륨 용액의 부피(ml)이다.

2. 아이오딘화법 적정에 의한 황산구리의 정량

(1) 0.6 g 정도의 $CuSO_4 \cdot 5H_2O$를 정확히 달아 500 ml 삼각플라스크에 넣고 증류수 50 ml를 가해 녹인다.

(2) 다시 여기에 아세트산 4 ml와 아이오딘화 칼륨 3 g을 가하여 녹인 후 10 분간 방치한다.

(3) 0.1 N 싸이오황산나트륨 표준용액을 뷰렛에 채우고 녹말 지시약을 이용하여 실험 1의 방법에서와 같이 적정하여 황산구리를 정량한다.

$$CuSO_4\text{의 함량}(\%) = \frac{VNA}{10\ w}$$

V, N은 적정에 소모된 싸이오황산나트륨 표준용액의 부피(ml) 및 노르말 농도, A는 황산구리의 당량(159.6), w는 $CuSO_4 \cdot 5H_2O$의 무게(g)이다.

실험 21 - 실험보고서
산화-환원적정(II)

1. 0.1 N 싸이오황산나트륨 표준용액 만들기
   ① 무게 다는 병의 무게 ____________g
   ② 중크롬산 칼륨과 병의 무게 ____________g
   ③ 중크롬산 칼륨의 무게 ____________g
   ④ 소모된 싸이오황산나트륨 용액의 부피
   1회 ____________mℓ
   2회 ____________mℓ
   3회 ____________mℓ
   평균 ____________mℓ
   ⑤ 싸이오황산나트륨의 농도계산 ____________N

2. 아이오딘법 적정에 의한 황산구리의 정량
   ① 황산구리의 무게 ____________g
   ② 소모된 싸이오황산나트륨 표준용액의 부피 ____________mℓ
   ③ 황산구리의 함량계산 ____________%

3. 직접 아이오딘 법과 간접 아이오딘 법을 비교 설명하시오.

4. 지시약으로 쓰이는 녹말 용액을 종말점 가까이에서 가하는 이유는 무엇인가?

실험 22

크로마토그래피

1 목적

크로마토그래피(chromatography)의 원리를 이해하고 이를 이용하여 혼합물을 분리·정제·정성 및 정량하는 방법을 알아본다.

2 원리

크로마토그래피는 혼합물을 흡착제(absorbent)에 대한 친화도의 차, 즉 분별 흡착 현상을 이용하여 분리, 정제, 정성 및 정량분석을 할 수 있는 방법으로 정의할 수 있다.

크로마토그래피는 1903년 M.S. Tswett의 흡착 크로마토그래피에 대한 첫 논문이 발표된 이후 별다른 발전이 없었으나, N.A. Izmailov, M.S. Schraiber(1938) 및 E. Stahl(1958)에 의해 얇은 막 크로마토그래피(thin layer chromatography: TLC)에 관한 기술과 이론이 정립되고, A.J.P. Martin과 A.T. James(1952)의 기체 크로마토그래피(gas chromatography: GC)에 대한 첫 논문이 발표되자 1960년대 후반부터 매우 훌륭한 분석 기술로 발전되었다. 1960년대 후반부터 GC의 단점을 보완하여 분석 시료의 적용 범위를 확장시킴과 동시에 분석시간의 단축, 분리된 각 성분 시료 회수의 용이성 등을 개선한 고성능 액체 크로마토그래피[high performance(혹은 pressure) liquid chromatography, HPLC]가 등장함으로써 가히 크로마토그래피의 혁명이라 할 만큼 이 분야의 실험 방법 및 이론의 발전을 가져오게 되었다.

크로마토그래피의 종류를 [그림 22.1]과 같이 도표 식으로 나타낼 수 있다.

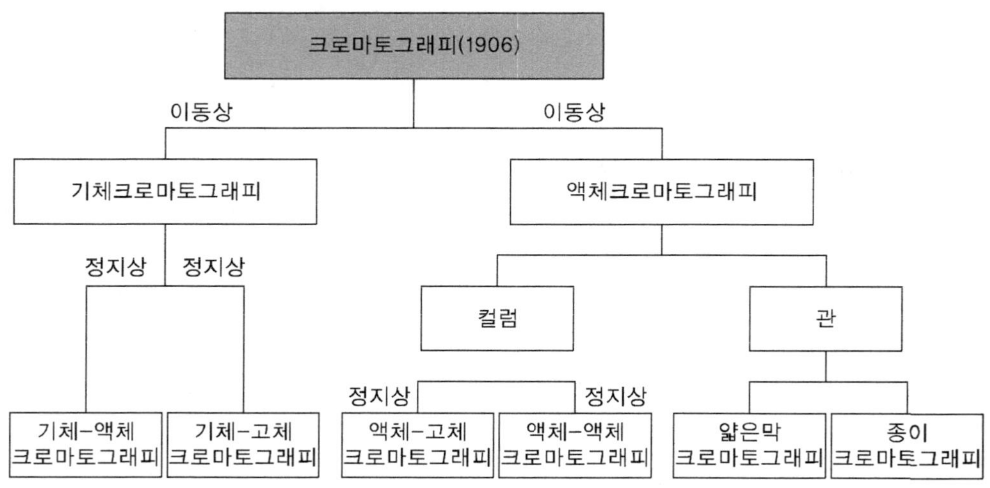

| 그림 22.1 | 크로마토그래피의 계통도

1. 종이 크로마토그래피

종이 크로마토그래피(paper chromatography: PC)는 엄밀히 말하면 흡착과 분배 크로마토그래피의 혼합이라 말할 수 있다. 종이 크로마토그래피에서 용질의 분배는 셀룰로오스의 수화된 물과 유기 상 사이에서 일어나기 때문에 극성이 크거나 다중 작용기를 갖는 화합물(예: 당, 아미노산 등)의 분리에 용이하다. PC의 흡착제 혹은 고정상(stationary phase)은 종이를 구성하고 있는 셀룰로오스이다.

PC에서는 주로 Whatman No. 1정도 규격의 여과지를 적당한 크기로 잘라서 한 끝을 시료 액에 담가 시료를 전개시키면, 분리된 성분물질의 이동 거리와 용매의 이동 거리의 비로 물질을 확인하는데, 이 비를 R_f 값이라 한다.

$$R_f = \frac{\text{성분물질의 이동거리}}{\text{용매의 이동거리}}$$

PC는 실험 비용이 저렴한 반면에 분리된 성분의 회수가 불가능하며, 분리된 성분의 위치 확인을 위해서 반드시 발색을 시켜야 하는 번거로움이 있다.

2. 얇은 막 크로마토그래피

얇은 막 크로마토그래피(thin layer chromatography: TLC)는 종이 크로마토그래피의 단점을 다소 보완한 것으로, 분리된 각 성분의 회수가 비교적 용이하며 분리된 성분의 위치 확인에서도 발색시키지 않고 자외선 램프나 아이오딘 증기를 흡착시켜 확인할 수 있는 이점 등이 있다. 또 적용할 수 있는 화합물의 범위가 PC보다는 넓다(유기물, 무기물, 생화학

물질 등). 특히 TLC는 미량시료의 분석이 가능할 뿐 아니라, 전개 시간이 짧고 여러 온도에서의 전개가 가능하여 한층 더 광범위하게 이용된다.

TLC의 고정상은 주로 유리판이나 특수 제조된 플라스틱 표면에 셀룰로오스, 실리카겔 및 alumina와 같은 흡착제를 입혀 사용하며, PC처럼 R_f 값으로 확인 비교한다.

3. 관 크로마토그래피

관 크로마토그래피(column chromatography)는 흡착제를 적당한 크기의 관에 채우고, 흡착제를 채운 관의 윗 부분에 시료를 흡착시켜 적당한 용매를 흘려서 분리시키는 방법이다. 관에 채우는 흡착제로는 alumina, 실리카겔 혹은 용도에 따라 이온교환수지(ion exchange resin) 및 분자의 크기에 따라 분리할 수 있는 겔(sephadex, 상품명) 등을 채워 "머무른 시간(retention time)"이나 "머무른 부피(retention volume)"로 비교 확인한다. GC나 HPLC등은 모두 이 관 크로마토그래피를 개선한 기계화된 방법들이다.

4 실험방법

1. 종이 크로마토그래피

• 기구 및 시약

전개 용기(입구가 넓고 바닥이 고른 병), 유리 막대, 고무마개(혹은 코르크 마개), 플라스틱 관, 헤어드라이어, 접시, 핀셋, 6 M 및 9 M HCl, Co^{2+}, Fe^{3+}, Ni^{2+} 염을 각기 0.1 M씩 9 M HCl에 녹인 시약, 아세톤, 싸이오사이안산암모늄의 아세톤 포화용액, dimethylglyoxime 1% 에탄올 용액, 진한 암모니아 용액, Whatman No. 1 여과지

• 실험 방법

(1) 준비된 여과지를 10×5 cm로 자르고 하단 0.5 cm 윗 부분에 연필로 평행선을 긋고, 모세관으로 시료 용액 2~3 방울씩을 점적한다(한 번 점적한 후에 말리고 다시 점적해야 반점의 크기가 작다).

(2) 전개 용기 마개 중앙에 유리 막대를 끼우고 유리 막대 끝에 플라스틱 관을 끼우고 끝에 슬릿을 만든다.

(3) 여기에 시료를 점적한 여과지를 끼우고 아세톤 : 6 M HCl = 9 : 1(v/v) 혼합용매를 0.4 cm 정도 채운 전개 용기에 넣고 전개시켜 여과지의 3/4까지 용매가 올라가면 꺼내

어 용매가 올라간 위치를 표시하고 건조시킨다.

(4) 진한 암모니아수가 든 용기 입구에 대어 증기와 반응시켜(담그지 말 것) 2~3 분간 방치한 후(후드 안에서 진행) 꺼내어 나타난 점들을 연필로 그린다.

(5) 다시 접시에 dimethylglyoxime 용액을 담아 놓고 핀셋으로 종이 모서리를 잡고 적신 다음 건조시켜 나타난 반점과 색깔을 표시한다.

(6) 마지막으로 싸이오사이안산암모늄 용액에 넣었다 건조시키고 나타난 점과 색깔을 표시한다.

2. 얇은막 크로마토그래피

- 기구 및 시약

Silica gel-GF ^{254}, 슬라이드(8×2 cm), 전개병(2개), 모세관, 자외선 램프, $CHCl_3$, 아세톤

- 실험 방법

(1) 한 개의 전개병에 $CHCl_3$ 100 ㎖당 30 g 정도의 silica gel-GF ^{254} 분말을 가해 잘 저어주면서 슬라이드를 담글 수 있는 높이까지 만들고, 비눗물로 씻고 아세톤으로 세척 건조한 슬라이드를 미리 만든 겔 속에 담갔다 꺼내어 깨끗한 종이 위에서 말린다.

(2) 분석용 시료로 p-nitroaniline, o-nitroaniline, m-nitroaniline, 2,4-dinitroaniline 또는 2,6-dinitroaniline 중 2개의 시료를 택하여 5 mg씩 취해 0.5 ㎖ 아세톤에 녹이고, 다른 시약병에 이들을 혼합한 또 하나의 시료를 만든다.

(3) 각 시료를 준비해 둔 슬라이드에 각각 2~3 방울씩 점적하고 $CHCl_3$를 0.4~0.9 cm까지 채운 전개 용매에 넣어 전개시키고, 전개가 끝나면 꺼내어 용매가 올라간 위치를 표시하고 건조시켜 자외선 램프로 시료의 반점을 확인한 후 R_f 값을 측정한다.

3. 관 크로마토그래피

- 기구 및 시약

녹색 나무 잎, 가위, 막자사발, 모래, 메틸알코올, 시험관 15~20 ㎖, n-hexane, 분액깔때기, 무수황산나트륨, 여과지, 가열기, 뷰렛(내경 8 mm, 길이 15 cm), 석면, alumina, 스포이드, 벤젠, CH_2Cl_2, 에틸아세테이트

• 실험 방법

(1) 색소의 추출

① 2 g의 녹색 나무 잎을 가위로 잘게 자른 후 막자사발에 넣고, 깨끗이 씻어 말린 모래를 조금(티스푼으로 반 정도) 넣고 잘 간 다음 5 ml의 메틸 알코올을 넣고 다시 간다.

② 이것을 시험관에 옮기고 10 ml의 n-hexane을 가하여 충분히 흔든다.

③ 녹색의 hexane 층을 분액깔때기에 따르고 같은 양의 물을 가하여 충분히 흔든 후 물 층을 버리고 같은 방법으로 한 번 더 씻는다.

④ 남은 hexane 층을 무수황산나트륨이 든 여과지로 여과하고 수증기 중탕에서 0.5 ml 정도로 농축시킨다.

(2) 크로마토그래피

① 분리관으로 사용할 뷰렛을 잘 말린 후에 솜을 집어넣어 뷰렛 콕 위쪽을 막는다.

② 잘 씻어 말린 모래를 솜 위로 0.5~1 cm정도 채운다. 모래가 한 쪽으로 몰리지 않도록 하면서 n-hexane을 관의 반 정도 채우고 2 g의 알루미나를 조심스럽게 채운다. 여기에 다시 모래를 0.5 cm 정도 채운다. 용매를 추가하여 모래 표면까지 오게 한 다음 콕을 잠근다.

③ 18×150 mm 시험관 4 개와 15 cm정도의 가늘고 긴 스포이드 5 개를 준비하고, 용매로 hexane 3 ml, 벤젠 5 ml, 2 ml의 hexane-benzene(1:1) 혼합물, 3 ml의 benzene+10% CH_2Cl_2, 3 ml의 CH_2Cl_2, 3 ml CH_2Cl_2+10% 에틸아세테이트, 5 ml의 에틸아세테이트를 각각 준비한다.

④ 준비가 끝나면 앞에서 만든 색소 용액 5 방울을 관 윗부분에 흘려 넣고 모래 속으로 다 흡수되면 즉시 hexane 몇 방울을 더 가하여 흘린 다음, 1~2 ml의 hexane-benzene 혼합 용액을 가하여 흘리면서 관에서 분리가 일어나는지 관찰한다.

⑤ 분리가 일어나면 빈 시험관을 갖다 놓고 용출액을 받는다(만일 관 속의 색소가 이동하지 않으면 초기 용매로 벤젠을 사용한다). 용매가 다 흐르면 다시 benzene+10% CH_2Cl_2, 그 다음에 CH_2Cl_2, CH_2Cl_2+10% 에틸아세테이트, 그리고 에틸아세테이트 순으로 용매를 흘리면서 각각의 분리 띠를 각기 다른 시험관에 받는다.

실험 22 - 실험보고서
크로마토그래피

1. 얇은막 크로마토그래피

① 얻어진 크로마토그램을 그려라.

② 용매가 이동한 거리 ________________cm

③ 시료 1이 이동한 거리 ________________cm

④ 시료 2가 이동한 거리 ________________cm

⑤ 혼합 시료의 이동한 거리 ________________cm

⑥ 시료 1의 R_f ________________

⑦ 시료 2의 R_f ________________

2. 종이 크로마토그래피

① 얻어진 크로마토그램을 정확히 기록하라.

② 용매가 올라간 거리 ______________cm

③ Co^{2+}가 올라간 거리 ______________cm

④ Fe^{3+}가 올라간 거리 ______________cm

⑤ Ni^{2+}가 올라간 거리 ______________cm

⑥ R_f값을 계산하시오.

$R_{f\ Co^{2+}}=$ $R_{f\ Ni^{2+}}=$

$R_{f\ Fe^{3+}}=$

3. 관 크로마토그래피

시료 흡착 후 각 성분이 나오기까지의 시간과 부피를 측정하고, 색깔을 관찰하라.

	시간(min)	부피(ml)	색
①			
②			
③			
④			

4. 얇은 막 크로마토그래피에서 분리한 후 각 시료는 어떻게 회수하는 것이 가장 좋겠는가?

5. 두 물질의 R_f값이 서로 같다고 하는 것은 무엇을 뜻하는가?

6. 전개 용기의 마개를 막지 않으면 어떤 현상이 생기나?

7. 점적한 시료의 반점이 너무 크면 어떤 현상이 생기나?

8. 시료가 점적된 부분이 전개 용매에 잠기면 어떻게 되는가?

9. 관을 충전할 때 석면 위에 모래를 넣는 이유와 alumina를 채운 뒤에 모래를 넣는 이유는?

10. 전 과정에서 사용된 용매는 모두 유기 용매이었다. 만일 여기서 물을 용매로 사용할 수 있을까, 없을까? 이유는?

11. 실험에 사용한 식물색소 중에는 chlorophyll a와 b, β-carotene 및 xanthophyll 등이 존재한다. 용출된 색깔이 ① 주황색, ② 오렌지색, ③ 노랑색, ④ 녹색이었다면 각각 어느 성분에 해당하는가?

실험 23
아스피린의 합성

1 목적

해열제 또는 진통제로 사용되는 아스피린을 합성하여 산과 알코올의 에스터화 반응을 이해한다.

2 원리

에스터(ester)는 중요한 유기 화합물이다. 대부분의 에스터는 자연적으로 생성되며 꽃, 식물, 과일의 냄새와 맛을 내는 원인이 된다. 또 다른 것들은 페인드, 광택제(매니큐어용 에나멜에 함유되어 있는)나 액체 아교와 같은 생성물에 대한 용매로서 공업적으로 사용된다. 에스터는 알코올을 유기산과 반응시키면 생성된다. 이때 물 한 분자가 같이 생긴다.

$$\underset{\text{알코올}}{R-OH} + \underset{\text{유기산}}{R'-\overset{\overset{\displaystyle O}{\|}}{C}-OH} \rightleftharpoons \underset{\text{에스터}}{R-O-\overset{\overset{\displaystyle O}{\|}}{C}-R'} + H_2O$$

여기서 R과 R'는 methyl(CH_3), ethyl(C_2H_5) 등이다.

간단한 두 분자가 결합되어 하나의 큰 분자가 생성되는 이러한 형태의 반응(물의 제거 반응과 더불어)을 축합 반응이라 한다. 두 개의 화살표는 이 과정에서 역반응도 일어날 수 있다는 것을 나타내고 있다. 에스터는 과량의 물을 넣고 끓일 경우에, 특히 촉매로 소량의 강산을 가할 경우에, 알코올과 산의 성분으로 쉽게 분해된다.

흔히 에스터는 에탄올 (C_2H_5OH)과 아세트산(CH_3COOH)으로부터 생긴 에틸아세테이트($CH_3COOC_2H_5$)라 하기도 한다.

$$C_2H_5OH + CH_3-\overset{\overset{\large O}{\|}}{C}-OH \rightleftharpoons C_2H_5-O-\overset{\overset{\large O}{\|}}{C}-CH_3 + H_2O$$

에탄올　　아세트산　　에틸아세테이트

에틸아세테이트는 휘발성 액체이며, 끓는점은 77℃로 독특한 과일 향을 낸다.

에스터는 위의 식에서 보여준 반응에 의하여 제조할 수 있지만, 그 과정은 시약을 변화시킴으로써 반응속도를 빠르게 할 수도 있다. 이것은 유기산 대신에, 산무수물을 사용하면 된다. 명명법상의 의미와 같이 물 한 분자가 떨어져 나가고 산이 반응에 관여한다.

$$(CH_3CO)_2O + H_2O \longrightarrow 2\,CH_3COOH$$

무수아세트산　　아세트산

무수아세트산이 알코올과 반응하면, 에틸아세테이트와 아세트산이 생긴다.

$$(CH_3CO)_2O + C_2H_5OH \longrightarrow C_2H_5-O-\overset{\overset{\large O}{\|}}{C}-CH_3 + CH_3-\overset{\overset{\large O}{\|}}{C}-OH$$

에탄올　　에틸아세테이트　　아세트산

이 반응은 역반응이 일어나지 않으므로 산과 알코올의 반응에서 생기는 것보다 에스터가 더 쉽고 빠르게 생성된다.

이 실험으로 알코올과 카복실산(carboxylic acid)이 한 분자씩 함유되어 있는 acetate(식초산 에스터) 화합물을 제조할 수 있다.

이 화합물의 이름은 salix("willow"라는 라틴어에서 유래)에서 유래된 것이다. 버드나무 껍질은 전통적으로 온몸이 쑤시고 아픈 경우에 자연스러운 치료제로 사용되어왔다. 이것의 치료 작용은 salicylic acid에 관계되는 화합물의 존재로 인한 것이다. 그러면 acetylsalicylic acid(ASA)나 아스피린, $C_6H_4(COOH)OCOCH_3$으로 더 잘 알려진 acetate ester를 제조하도록 하자.

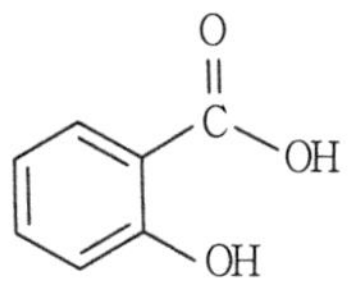

O-hydroxybenzoic acid, or
Salicylic acid, $C_6H_4(OH)COOH$

원래 salicylic acid 내에 있는 carboxylic acid 기는 이 반응에 관여하지는 않는다. 반응으로 생성된 acetylsalicylic acid와 acetic acid는 같은 몰수로 생성된다. 그러나 이것은 쉽게 분해된다. 왜냐하면 acetylsalicylic acid가 물에 대한 용해도가 낮은 고체로 된 물질이기 때문이다(물론 아세트산은 물에 아주 잘 녹는다). 그래서 고체 생성물이 기대하지 않았던 어떤 생성물로 인해 오염될 가능성이 있거나 salicylic acid가 반응하지 않은 채 남아 있을 수 있으므로 이것은 재결정시켜서 정제해야 한다. 어떤 생성물은 이러한 부가단계에서 제거되지만, 순수한 생성물을 얻기 위해서는 재결정이 필요하다. 대다수의 유기 분자들처럼 아스피린은 물보다는 에탄올에 더 잘 녹으며, 이러한 두 용매의 혼합물은 재결정할 때 사용한다.

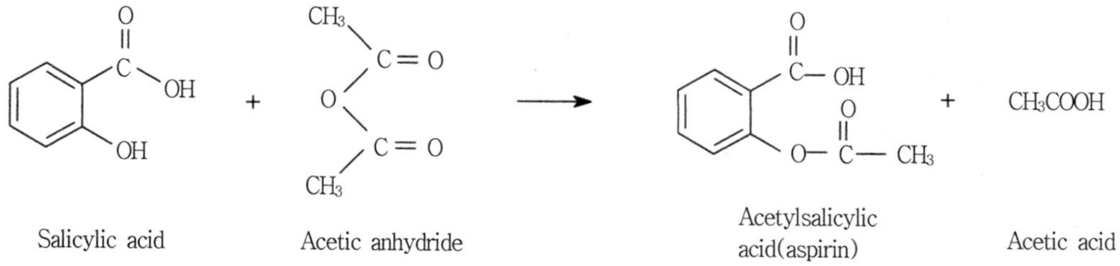

Salicylic acid + Acetic anhydride → Acetylsalicylic acid(aspirin) + Acetic acid (CH_3COOH)

$$C_7H_6O_3 \quad + \quad C_4H_6O_3 \quad \longrightarrow \quad C_9H_8O_4 \quad + \quad C_2H_4O_2$$

반응물로부터 기대되는 아스피린의 최대 수득률을 퍼센트로 나타내고자 한다. 그러나 반응식에 필요한 몰비가 정확히 1:1인 두 시약을 취하는 것은 어려운 일이다. 소량의 반응물(한계 반응물)에 대한 수득률을 알기 위해서는, 무수아세트산과 salicylic acid의 질량을 몰수로 환산해야 한다.

무수아세트산의 부피를 재고, 이것의 밀도 1.082g/ml를 알면 질량을 산출할 수 있다. 그런 다음 각 반응 물질의 질량을 그램 분자량으로 바꾸면 몰수를 구할 수 있다.

$$\text{무수아세트산의 질량} = \text{무수아세트산의 부피(ml)} \times 1.082\ \text{g/ml}$$

$$\text{무수아세트산의 몰수} = \frac{\text{무수아세트산의 질량, g}}{\text{그램분자량}(C_4H_6O_3)\text{, g/mol}}$$

$$\text{salicylicacid의 몰수} = \frac{\text{salicylic acid의 질량, g}}{\text{그램분자량}(C_7H_6O_3)\text{, g/mol}}$$

예상되는 아스피린의 몰수는 소량의 반응 물질의 몰수와 같다. 이 방법을 이용해서 생성물의 이론적인 수득률을 계산할 수 있다.

이론적인 수득률(g) =

한계 반응물의 몰수(mol)×아스피린($C_9H_8O_4$)의 그램 분자량(g/mol)

최종 생성물의 무게를 측정한 다음에, 퍼센트로 수득률을 계산한다.

$$\text{수득률}(\%) = \frac{\text{얻어진 생성물의 질량,g}}{\text{아스피린의 이론적인 수득률,g}} \times 100$$

왜 실제 수득률은 항상 100 % 이하인지를 생각해 보아라.

3 기구 및 시약

기구
- 물중탕
- 삼중대저울
- 비커
- 유리 막대
- 전기히터
- 클램프
- 눈금실린더(10 ml)
- 감압 거름장치
- 뷰흐너 깔때기
- 감압 플라스크
- 전열기(500 W)
- 삼각플라스크(25 ml)
- 얼음
- 버너
- 스탠드
- 코르크 마개
- 온도계(0~150 ℃)
- 거름종이
- 녹는점 측정장치

시약
- 아세트산 무수물
- 85 % 인산
- 에틸에테르
- 살리실산
- 석유에테르(bp : 30~60 ℃)
- 파라핀 오일

4 실험방법

1. 아스피린 합성

(1) 살리실산(salicylic acid) 2.5 g을 25 ml 삼각플라스크에 넣고, 여기에 아세트산 무수물 3 ml를 기벽을 따라 흘러내려서 용기 벽에 묻은 살리실산을 모두 씻어 내린다.

(2) 이 삼각플라스크를 [그림 23.1]과 같이 물중탕 속에 장치하고 촉매로서 85 % 인산을 소량 가한 후 물중탕의 온도를 70~85℃로 유지하면서 10 분간 가열하여 반응을 완결시킨다. (3) 물 2 ml를 조심스럽게 플라스크에 가하여 여분의 아세트산 무수물을 분해시킨다. 이때 아세트산의 증기가 발생하는지 관찰하여라.

(4) 아세트산의 증기가 더 이상 발생되지 않으면 물중탕에서 꺼내어 물 20 ml를 가하고, 실온이 될 때까지 냉각시킨다. 용액이 냉각됨에 따라 아스피린의 결정이 생긴다.

(5) 저절로 결정이 생기지 않으면 유리막대로 플라스크의 안쪽 면을 긁어주면서 플라스크를 얼음물에 담가 냉각시킨다. 결정이 생기는 모양을 관찰하여라. 결정을 감압 거름장치로 걸러서 5 ml의 얼음물로 한번 씻는다.

(6) 얻어진 결정을 다른 거름종이에 옮기고 최소한 5 분간 공기 중에서 말린다. 오븐에 120℃로 12시간 방치하여 결정이 완전히 마른 후 무게를 달아 수득률을 계산한다.

2. 아스피린의 정제 및 녹는점

(1) 불순한 아스피린 1.0 g정도를 삼각플라스크에 넣고 5 ml의 에틸에테르에 녹인다. 잘 녹지 않으면 조금 가열하면서 흔들어 준다.

(2) 용액이 맑아지지 않으면 거름종이로 거른 후 석유 에테르(끓는점 30~60℃) 15 ml를 가하고 삼각플라스크를 마개로 막는다.

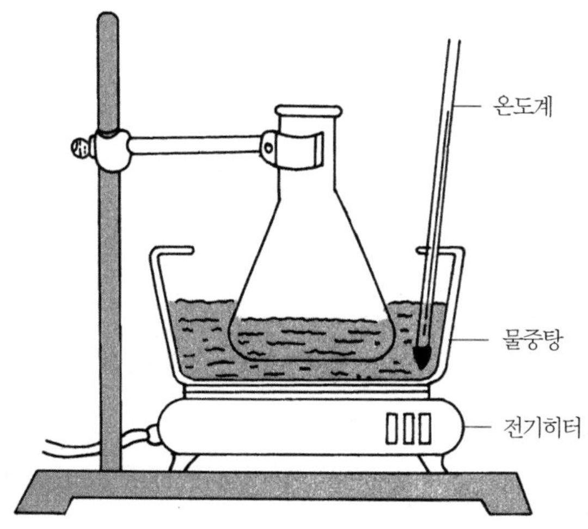

| 그림 23.1 | 아스피린의 합성장치

(3) 얼음으로 이 용액을 식혀(젓거나 흔들지 말아라) 생긴 침전을 거르고 소량의 석유 에테르로 씻는다. 침전물을 깨끗한 거름종이 위에 펼쳐 말린 후 녹는점 측정 장치로 녹는점

을 측정한다. 정제하지 않은 아스피린의 녹는점도 따로 측정해 보아라.

TIP

1. 아스피린을 합성할 때 살리실산 1 g으로 시작해도 좋은 결과를 얻을 수 있다.
2. 아세트산 무수물에 물을 가하여 분해할 때 발생하는 뜨거운 증기를 조심하여라.
3. 아스피린을 에틸에테르에 녹여 정제할 때 가열 조작은 반드시 물중탕에서 해야 한다. 특히 화기에 주의하여라.
4. 얻은 아스피린은 산, 염기 적정실험용으로 보관한다.

실험 23 - 실험보고서
아스피린의 합성

1. 아스피린의 합성
   ① 사용한 살리실산의 무게 ________________g
   ② 사용한 아세트산 무수물의 부피 ________________mℓ
   ③ 사용한 아세트산 무수물의 무게(밀도=1.08 g/mℓ) ________________g
   ④ 얻은 아스피린의 무게 ________________g
   ⑤ 아스피린의 이론적 수득량 ________________g
   ⑥ 실험의 백분율 수득률 ________________%

2. 아스피린의 녹는점 측정

	녹는점(℃)
불순한 아스피린	
재결정한 아스피린	
문헌 값	

3. 아스피린을 가수분해하면 살리실산과 아세트산이 된다. 이것을 반응식으로 써라.

4. 살리실산 1.4 g과 아세트산 무수물 3.1 g을 사용하여 아스피린을 만들었다면, 이론적으로 몇 g의 아스피린을 얻겠는가?

5. 실험 중 물을 가하여 여분의 아세트산 무수물을 분해시키는 과정이 있다. 이때 일어나는 변화를 반응식으로 써라.

6. 불순한 아스피린 1.5 g을 0.10 N NaOH를 사용하여 적정해 보니 종말점에서 0.10 N NaOH 용액 70 ㎖가 소비되었음을 알았다. 적정 과정에서 일어나는 반응식을 쓰고 아스피린의 순도(%)를 계산하여라.

실험 24
알코올의 반응

1 목적

알코올은 하이드록시 기(−OH)를 가지고 있으며, 하이드록시 기가 결합하고 있는 탄소에 붙어있는 다른 탄소 원자가 1 개일 때 1차 알코올, 2 개일 때 2차 알코올, 3 개일 때 3차 알코올이라 한다. 화학 반응을 통하여 이들 알코올을 구별하는 법과 알코올의 성질을 알아보고자 한다.

2 원리

1차 알코올은 상온에서 염산과 반응하지 않으므로 그대로 Lucas 시약(염산과 염화아연의 혼합물) 속에 녹아 있게 된다. 그러나 2차 알코올은 서서히 반응하여 염화 알킬이 생성되므로 Lucas 시약 위에 섞이지 않는 층을 형성한다. 3차 알코올은 Lucas 시약과 매우 빨리 반응한다.

$$ROH + HCl \xrightarrow{ZnCl_2} RCl + H_2O$$

산화 크로뮴(VI)은 진한 황산에 녹아 오렌지색을 나타내며, 알코올을 산화시켜 Cr(VI)에서 Cr(III)로 환원될 때 초록색을 나타낸다. 이것을 크로뮴산(chromic acid)시험이라고 한다.

$$\underset{(붉은색)}{2CrO_3} + 2H_2O \xrightarrow{H^+} \underset{(노란색)}{2H_2CrO_4} \xrightarrow{H^+} \underset{(오렌지색)}{H_2Cr_2O_7} + H_2O$$

$$\text{R-}\underset{\text{OH}}{\overset{\text{H}}{\text{C}}}\text{-H} \xrightarrow{Cr_2O_7^{2-}} \text{H-}\underset{\text{O}}{\overset{}{\text{C}}}\text{-H} \xrightarrow{Cr_2O_7^{2-}} \text{H-}\underset{\text{O}}{\text{C}}\text{-OH}$$

1차 알코올

$$\text{R-}\underset{\text{OH}}{\overset{\text{H}}{\text{C}}}\text{-R} \xrightarrow{Cr_2O_7^{2-}} \text{R-}\underset{\text{O}}{\text{C}}\text{-R}$$

2차 알코올

1차 알코올은 알데하이드로 산화되고, 더 계속 산화하면 카르복실산이 된다. 2차 알코올은 산화하여 케톤이 되며, 케톤은 더 이상 산화하지 않는다. 3차 알코올은 산화하지 않으므로 크로뮴산의 오렌지색이 변하지 않는다.

3 기구 및 시약

기구
- 10 cm－시험관과 마개
- 전열기 혹은 알코올 램프
- 100 ㎖ 비커
- 스포이드
- 물중탕

시약
- Lucas 시약(진한 염산, 무수염화아연)
- 1－부탄올, 2－부탄올, 2－메틸－2－프로판올(*t*－부탄올)
- 산화 크로뮴(Ⅵ) (chromium(Ⅵ) oxide)
- 진한 황산
- 아세톤

4 실험방법

1. Lucas 시험

(1) 시험관에 2 ㎖의 Lucas 시약을 넣고 2차 알코올 3~4 방울을 가한다. 마개를 하고 잘 흔들면 곧 용액이 흐려지며 수용액과 섞이지 않는 염화알킬로 변해 녹지 않는 층을 형성한다.

(2) 3차 알코올에 가하면 2~5 분 후에 흐려지게 된다.

(3) 1차 알코올은 수용액에 녹아 맑은 용액이 된다.

(4) 어떤 2차 알코올은 물중탕으로 약간 가열함으로써 반응을 촉진시킬 수 있다. Lucas 시약에 녹지 않는 알코올(탄소수 6 개 이상)은 이 방법으로 확인할 수 없다.

2. 크로뮴산 시험

(1) 시약용 아세톤 1 ml에 액체 상태인 알코올 1 방울이나 고체 상태의 알코올 10 mg을 용해시킨다.

(2) 여기에 크로뮴산 시약 1 방울을 가하고 2 초 내에 일어나는 현상을 관찰한다.

(3) 1차, 2차 알코올은 반응하여 청색-초록색을 나타내며, 3차 알코올은 색깔의 변화를 나타내지 않는다.

(4) 아세톤이 순수한지 확인하기 위하여 1 ml의 아세톤에 크로뮴산 시약 1 방울을 가하고 3 초 동안 색의 변화가 일어나는지 관찰한다. 오렌지색이 그대로 유지된다면 그 아세톤은 사용해도 좋다.

TIP

1. 크로뮴산 시약: 67 g의 산화 크로뮴(VI) (CrO_3)을 124 mℓ의 증류수에 녹인 후, 58 mℓ의 진한 황산을 가한다. 침전을 없애기 위해 소량의 증류수를 가하되 용액의 총 부피가 225 mℓ를 넘지 않게 한다.
2. Lucas 시약: 136 g의 $ZnCl_2$를 86 mℓ의 진한 염산에 녹여 만든다.

실험 24 - 실험보고서
알코올의 반응

1. 확인 결과(양성에 ○표를 하라)

	1-부탄올	2-부탄올	2-메틸-2-프로판올	벤질알코올	페 놀
Lucas 시험					
크로뮴산 시험					

2. 각 시료의 반응시간을 알아보자. Lucas 시험에서 벤질 알코올과 1-부탄올의 반응시간의 차이를 어떻게 설명할 수 있는가?

3. Lucas 시험에서 1차 또는 2차 알코올보다 3차 알코올의 반응이 빠른 이유를 설명하여라.

4. 각 시료의 구조를 그리고 페놀의 반응성을 구조를 가지고 설명하여 보아라.

5. 분광학적 방법으로 위의 시료를 구별하는 방법을 알아보자.

제3부

부록

1. 기본상수값
2. 측정단위 및 환산인자
3. 표준환원 전위(E°)
4. 물의 증기압 · 밀도 · 점도 · 표면장력
5. 산-염기성 용액의 평형상수(25℃)
6. 위험 물질
7. 상용 대수표
8. 자주 쓰이는 화합물의 독성 비교
9. 자주 쓰이는 화합물의 화학식량

1. 기본 상수값

이 름	기 호	값
기체상수	R	0.08205 l·atm/K·mol
		62.36 l·torr/K·mol
		8.314 J/K·mol
볼쯔만 상수	k	1.38062×10^{-23} J/K
아보가르드 수	N_{Avog}	6.02217×10^{23} 분자/mol
기체의 몰부피		22.414l (STP에서)
쿠울롱법칙 상수		8.99×10^{9}N· m^2/$coul^2$
빛의 속도	c	2.997925×10^{8}m/sec
플랭크 상수	h	6.62620×10^{-34}J·sec
전자의 전하	e	1.60210×10^{-19} coulomb
		4.86298×10^{-10} esu
전자의 질량	m_e	9.10956×10^{-31} kg
양성자의 질량	m_p	5.48597×10^{-4} amu
		1.67261×10^{-27} kg
		1.00727 amu
리드버그상수(수소)	R_H	$1.097373 \times 10^{-7}m^{-1}$

2. 측정단위 및 환산인자

1) 기본 SI단위의 명칭과 기호

물리적 양	SI 단위의 명칭	SI 단위의 기호
길이	미터	m
질량	킬로그램	kg
시간	초	s
전류	암페어	A
열역학적 온도	캘빈	K
광도	칸델라	cd
물질의 양	몰	mol

2) 유도 SI 단위에 대한 특별 SI 명칭과 기호

물리적 양	단위의 명칭	단위의 기호	단위의 정의
힘	뉴턴	N	$kg\ m\ s^{-2}$
에너지	줄	J	$kg\ m^2 s^{-2}$
공률	와트	W	$kg\ m^2 s^{-3}(=Js^{-1})$
전하	쿨롱	C	As
전위차	볼트	V	$kgm^2 s^{-3} A^{-1}(=JA^{-1}s^{-1})$
전기저항	옴	Ω	$kgm^2 s^{-3} A^{-2}(=VA^{-1})$
전기커페시턴스	파라데이	F	$A^2 s^4 kg^{-1} m^{-2}(=AsV^{-1})$
자기선속	웨버	Wb	$kgm^2 s^{-2} A^{-1}(=V\ s)$
인덕턴스	헨리	H	$kgm^2 s^{-2} A^{-2}(=VA^{-1}s)$
자기선속밀도	테슬라	T	$kgs^{-2} A^{-1}(=V\ sm^{-2})$
광선속	루우멘	lm	cd sr
조명	럭스	lx	$cd\ srm^{-2}$
주파수	헤르츠	Hz	s^{-1}

3) 환산인자

1 electon volt(eV)=1.60×10^{-12}erg=1.60×10^{-19}joule,(23.0kcal·equivalent-1)

1 faraday=96,500 coulombs/equivalent=23.06×10^3cal/volt·mol

1 atmosphere=760 mmHg=760 torr=14.7 lb/in ^{2}=29.92 inHg

1 bar=10^6dyne/cm^2=10^5newtons/m^2(SI)

1 newton(N)(SI)=1kg·m/sec^2=10^5dyne

1 dyne=1g·cm/sec^2

1 erg(energy)=1dyne·cm=1g·cm^2/sec^2:(1 joule=1 kgm^2/sec^2);1×10^{-7}joule(J)

1 joule(J)=0.239 calorie

1 watt(W)=1J/sec^{-1}(SI)

1 liter·atm=24.2 calories

R(기체상수)=0.0821l ·atm/K·mol=1.99 cal/K·mol

=8.31×10^7gm·cm^2/K·mol

k(Boltzman, 분자기체상수)=1.38×10^{-16}erg/deg·molecule

Avogadro 수=6.0222×10^{23}molecules/mol=탄소 12.0000g에서 동위원소질량

12.0000의 탄소수

1 atomic mass unit(amu)=931 mega electron volts(MeV)

Planck's constant(h)=6.63×10^{-27}erg·sec=6.63×10^{-34}joule·sec

3. 표준환원 전위(E °)

전 극	전 극 반 응	E °(volts)
산용액		
Li^+/Li	$Li^+ + e^- \rightleftarrows Li(s)$	−3.04
K^+/K	$K^+ + e^- \rightleftarrows K(s)$	−2.92
Rb^+/Rb	$Rb^+ + e^- \rightleftarrows Rb(s)$	−2.92
Cs^+/Cs	$Cs^+ + e^- \rightleftarrows Cs(s)$	−2.92
Ba^{2+}/Ba	$Ba^{2+} + 2e^- \rightleftarrows Ba(s)$	−2.91
Sr^{2+}/Sr	$Sr^{2+} + 2e^- \rightleftarrows Sr(s)$	−2.89
Ca^{2+}/Ca	$Ca^{2+} + 2e^- \rightleftarrows Ca(s)$	−2.87
Na^+/Na	$Na^+ + e^- \rightleftarrows Na(s)$	−2.71
La^{3+}/La	$La^{3+} + 3e^- \rightleftarrows La(s)$	−2.52
Ce^{3+}/Ce	$Ce^{3+} + 3e^- \rightleftarrows Ce(s)$	−2.48
Eu^{3+}/Eu	$Eu^{3+} + 3e^- \rightleftarrows Eu(s)$	−2.41
Mg^{2-}/Mg	$Mg^{2+} + 2e^- \rightleftarrows Mg(s)$	−2.36
Lu^{3+}/Lu	$Lu^{3+} + 3e^- \rightleftarrows Lu(s)$	−2.26
H_2/H^-	$H_2(g) + 2e^- \rightleftarrows 2H^-$	−2.25
Sc^{3+}/Sc	$Sc^{3+} + 3e^- \rightleftarrows Sc(s)$	−2.08
Be^{2+}/Be	$Be^{2+} + 2e^- \rightleftarrows Be(s)$	−1.85
U^{3+}/U	$U^{2+} + 3e^- \rightleftarrows U(s)$	−1.79
Al^{3+}/Al	$Al^{3+} + 3e^- \rightleftarrows Al(s)$	−1.66
Ti^{2+}/Ti	$Ti^{2+} + 2e^- \rightleftarrows Ti(s)$	−1.63
V^{2+}/V	$V^{2+} + 2e^- V(s)$	−1.19
Mn^{2+}/Mn	$Mn^{2+} + 2e^- \rightleftarrows Mn(s)$	−1.18
Zn^{2+}/Zn	$Zn^{2+} + 2e^- \rightleftarrows Zn(s)$	−0.76
Cr^{3+}/Cr	$Cr^{3+} + 3e^- \rightleftarrows Cr(s)$	−0.74
$TlCl/Tl$	$TlCl(s) + e^- \rightleftarrows Tl(s)$	−0.56
Ga^{3+}/Ga	$Ga^{3+} + 3e^- \rightleftarrows Ga(s)$	−0.53
Fe^{2-}/Fe	$Fe^{2+} + 2e^- \rightleftarrows Fe(s)$	−0.44
Eu^{3+}/Eu^{2+}	$Eu^{2+} + e^- \rightleftarrows Eu^{2+}$	−0.43
Cr^{3+}/Cr^{2+}	$Cr^{3+} + e^- \rightleftarrows Cr^{2+}$	−0.41

전 극	전 극 반 응	E°(volts)
산용액		
Cd^{2+}/Cd	$Cd^{2+}+2e^{-}\rightleftarrows Cd(s)$	−0.40
Ti^{3+}/Ti^{2+}	$Ti^{3+}+e^{-}\rightleftarrows Ti^{2+}(s)$	−0.37
$PbSO_4/Pb$	$PbSO_4(s)+2e^{-}\rightleftarrows Rb(s)+SO_4^{2-}$	−0.36
Tl^{+}/Tl	$Ti^{+}+e^{-}\rightleftarrows Ti(s)$	−0.34
Co^{2+}/Co	$Co^{2+}+2e^{-}\rightleftarrows Co(s)$	−0.28
H_3PO_4/H_3PO_3	$H_3PO_4+2H^{+}\rightleftarrows H_3PO_3+H_2O(s)$	−0.28
Ni^{2+}/Ni	$Ni^{2+}+2e^{-}\rightleftarrows Ni(s)$	−0.25
AgI/Ag	$AgI(s)+e^{-}\rightleftarrows Ag(s)+I^{-}$	−0.15
Sn^{2+}/Sn	$Sn^{2+}+2e^{-}\rightleftarrows Sn(s)$	−0.14
Pb^{2+}/Pb	$Pb^{2+}+2e^{-}\rightleftarrows H_2(g)$	−0.13
H^{+}/H_2	$2H^{+}+2e^{-}\rightleftarrows H_2(g)$	0.000
$AgBr/Ag$	$AgBr(s)+e^{-}\rightleftarrows Ag(s)+Br^{-}$	+0.07
Sn^{4+}/Sn^{2+}	$Sn^{4+}+2e^{-}\rightleftarrows Sn^{2+}$	+0.15
Cu^{2+}/Cu^{+}	$Cu^{2+}+e^{-}\rightleftarrows Cu^{+}$	+0.15
SO_4^{2-}/H_2SO_3	$SO_4^{2+}+4H^{+}+2e^{-}\rightleftarrows H_2SO_4+H_2O$	+0.17
$AgCl/Ag$	$AgCl(s)+e^{-}\rightleftarrows Ag(s)+Cl^{-}$	+0.22
Hg_2Cl_2/Hg	$Hg_2Cl_2(s)+2e^{-}\rightleftarrows 2Hg(l)+2Cl^{-}$	+0.27
Cu^{2+}/Cu	$Cu^{2+}+2e^{-}\rightleftarrows Cu(s)$	+0.34
$Fe(CN)_6^{3-}/Fe(CN)_6^{4-}$	$Fe(CN)_6^{3-}+e^{-}\rightleftarrows Fe(CN)_6^{4-}$	+0.36
Ag_2CrO_4/Ag	$Ag_2CrO_4(s)+2e^{-}\rightleftarrows 2Ag(s)+CrO_4^{2-}$	+0.46
Cu^{+}/Cu	$Cu^{+}+e^{-}\rightleftarrows Cu(s)$	+0.52
I_2/I^{-}	$I_2(s)+2e^{-}\rightleftarrows 2I^{-}$	+0.54
I_3/I^{-}	$I_3^{-}+2e^{-}\rightleftarrows 3I^{-}$	+0.54
MnO_4^{-}/MnO_4^{2-}	$MnO_4^{-}+e^{-}\rightleftarrows MnO_4^{2-}$	+0.56
O_2/H_2O_2	$O_2(g)+2e^{-}+2H^{+}\rightleftarrows H_2O_2$	+0.68
$PtCl_4^{2-}/Pt$	$PtCl_4^{2-}+2e^{-}\rightleftarrows Pt(s)+4Cl^{-}$	+0.73
Fe^{3+}/Fe^{2+}	$Fe^{3+}+e^{-}\rightleftarrows Fe^{2+}$	+0.77
Hg_2^{2+}/Hg	$Hg_2^{2+}+2e^{-}\rightleftarrows 2Hg(\ell)$	+0.79
Ag^{+}/Ag	$Ag^{+}+e^{-}\rightleftarrows Ag(s)$	+0.80
NO_3^{-}/N_2O_4	$2NO^{3-}+4H^{+}+2e^{-}\rightleftarrows N_2O_4(g)+2H_2O$	+0.80
Hg^{2+}/Hg	$Hg^{2+}+2e^{-}\rightleftarrows Hg(\ell)$	+0.85
NO_3^{-}/HNO_2	$NO_3^{-}+3H^{+}+2e^{-}\rightleftarrows HNO_2+H_2O$	+0.94
NO_3^{-}/NO	$NO_3^{-}+4H^{+}+3e^{-}\rightleftarrows NO(g)+2H_2O$	+0.96
N_2O_4/NO	$N_2O_4(g)+4H^{+}+4e^{-}\rightleftarrows 2NO(g)+2H_2O$	+1.03
Br_2/Br^{-}	$Br_2(\ell)+2e^{-}\rightleftarrows 2Br^{-}$	+1.07
ClO_4^{-}/ClO_3^{-}	$ClO_4^{-}+2H^{+}+2e^{-}\rightleftarrows ClO_3^{-}+H_2O$	+1.19
IO_3^{-}/I_2	$2IO_3^{-}+12H^{+}+10e^{-}\rightleftarrows I_2(s)+6H_2O$	+1.20

전 극	전 극 반 응	E°(volts)
산용액		
$ClO_3^-/HClO_2$	$ClO_3^- + 3H^+ + 2e^- \rightleftarrows HClO_2 + H_2O$	+1.21
O_2/H_2O	$O_2(g) + 4H^+ + 4e^- \rightleftarrows 2H_2O$	+1.23
MnO_2/Mn^{2+}	$MnO_2(s) + 4H^+ + 2e^- \rightleftarrows Mn^{2+} + 2H_2O$	+1.23
Tl^{3+}/Tl	$Tl^{3+} + 3e^- \rightleftarrows Tl(s)$	+1.25
$Cr_2O_7^{2-}/Cr^{3+}$	$Cr_2O_7^{2+} + 14H^+ + 6e^- \rightleftarrows 2Cr^{3+} + 7H_2O$	+1.33
Cl_2/Cl^-	$Cl_2(g) + 2e^- \rightleftarrows 2Cl^-$	+1.36
PbO_2/Pb^{2+}	$PbO_2(s) + 4H^+ + 2e^- \rightleftarrows Pb^{2+} + 2H_2O$	+1.46
Au^{3+}/Au	$Au^{3+} + 3e^- \rightleftarrows Au(s)$	+1.50
MnO_4^-/Mn^{2+}	$MnO_4^- + 8H^+ + 5e^- \rightleftarrows Mn^{2+} + 4H_2O$	+1.51
BrO_3^-/Br^-	$2BrO_3^- + 12H^+ + 10e^- \rightleftarrows Br_2(l) + 6H_2O$	+1.52
Ce^{4+}/Ce^{3+}	$Ce^{4+} + e^- \rightleftarrows Ce^{3+}$	+1.61
$HClO/Cl_2$	$2HClO + 2H^+ + 2e^- \rightleftarrows Cl_2(g) + 2H_2O$	+1.63
$HClO_2/HClC$	$HClO_2 + 2H^+ + 2e^- \rightleftarrows HClO + H_2O$	+1.64
$PbO_2/PbSO_4$	$PbO_2(s) + SO_4^{2-} + 4H^+ + 2e^- \rightleftarrows PbSO_4(s) + 2H_2O$	+1.68
Au^+/Au	$Au^+ + e^- \rightleftarrows Au(s)$	+1.69
MnO_4^-/MnO_2	$MnO_4^- + 4H^+ + 3e^- \rightleftarrows MnO_2(s) + 2H_2O$	+1.70
H_2O_2/H_2O	$H_2O_2 + 2H^+ + 2e^- \rightleftarrows 2H_2O$	+1.78
Co^{3+}/Co^{2+}	$Co^{3+} + e^- \rightleftarrows Co^{2+}$	+1.81
$S_2O_8^{2-}/SO_4^{2-}$	$S_2O_8^{2-} + 2e^- \rightleftarrows 2SO_4^{2-}$	+2.01
O_3/O_2	$O_3(g) + 2H^+ + 2e^- \rightleftarrows O_2(g) + H_2O$	+2.07
F_2/F^-	$F_2(g) + 2e^- \rightleftarrows 2F^-$	+2.87
F_2/HF	$F_2(g) + 2H^+ + 2e^- \rightleftarrows 2HF$	+3.06
기본용액		
BeO/Be	$BeO(s) + H_2O + 2e^- \rightleftarrows Be(s) + 2OH^-$	−2.61
$Al(OH)_4^-/Al$	$Al(OH)_4^- + 3e^- \rightleftarrows Al(s) + 4OH^-$	−2.33
$Zn(OH)_4^{2-}/Zn$	$Zn(OH)_4^{2-} + 2e^- \rightleftarrows Zn(s) + 4OH^-$	−1.22
SO_4^{2-}/SO_3^{2-}	$SO_4^{2-} + H_2O + 2e^- \rightleftarrows SO_3^{2-} + 2OH^-$	−0.93
H_2O/H_2	$2H_2O + 2e^- \rightleftarrows H_2(g) + 2OH^-$	−0.83
$Ni(OH)_2/Ni$	$Ni(OH)_2(s) + 2e^- \rightleftarrows Ni(s) + 2OH^-$	−0.72
S/S^{2-}	$S(s) + 2e^- \rightleftarrows S^{2-}$	−0.45
$CrO_4^{2-}/Cr(OH)_3$	$CrO_4^{2-} + 4H_2O + 3e^- \rightleftarrows Cr(OH)_3(s) + 5OH^-$	−0.13
NO_3^-/CO_2^-	$NO_3^- + H_2O + 2e^- \rightleftarrows NO_2^- + 2OH^-$	+0.01
$S_4O_6/S_2O_3^{2-}$	$S_4O_6^{2-} + 2e^- \rightleftarrows 2S_2O_3^{2-}$	+0.08
IO_3^-/I^-	$IO_3^- + 3H_2O + 6e^- \rightleftarrows I^- + 6OH^-$	+0.26
ClO_3^-/ClO_2^-	$ClO_3^- + H_2O + 2e^- \rightleftarrows ClO_2^- + 2OH^-$	+0.33
ClO_4^-/ClO_3^-	$ClO_4^- + H_2O + 2e^- \rightleftarrows ClO_3^- + 2OH^-$	+0.36
O_2/OH^-	$O_2(g) + 2H_2O + 4e^- \rightleftarrows 4OH^-$	+0.40

전　　극	전 극 반 응	E°(volts)
산용액		
MnO_4^-/MnO_2	$MnO_4^- + 2H_2O + 3e^- \rightleftarrows MnO_2(s) + 4OH^-$	+0.59
MnO_4^{2-}/MnO_2	$MnO_4^{2-} + 2H_2O + 2e^- \rightleftarrows MnO_2(s) + 4OH^-$	+0.60
BrO_3^-/Br^-	$BrO_3^- + 3H_2O + 6e^- \rightleftarrows Br^- + 6OH^-$	+0.61
BrO^-/Br^-	$BrO^- + H_2O + 2e^- \rightleftarrows Br^- + 2OH^-$	+0.76
HO_2^-/OH^-	$HO_2^- + H_2O + 2e^- \rightleftarrows 3OH^-$	+0.88
ClO^-/Cl^-	$ClO^- + H_2O + 2e^- \rightleftarrows Cl^- + 2OH^-$	+0.89
O_3/O_2	$O_3(g) + H_2O + 2e^- \rightleftarrows O_2(g) + 2OH^-$	+1.24

4. 물의 증기압 · 밀도 · 점도 · 표면장력

1) 물의 증기압

온도℃	압력 torr(mmHg)	온도	압력 torr(mmHg)
0.0	4.58	20.0	17.54
1.0	4.93	21.0	18.65
2.0	5.29	22.0	19.83
3.0	5.69	23.0	21.07
4.0	6.10	24.0	22.38
5.0	6.54	25.0	23.76
6.0	7.01	26.0	25.21
7.0	7.51	27.0	26.74
8.0	8.05	28.0	28.35
9.0	8.61	29.0	30.04
10.0	9.21	30.0	31.82
11.0	9.84	35.0	42.18
12.0	10.52	40.0	55.32
13.0	11.23	45.0	71.88
14.0	11.99	50.0	92.51
15.0	12.79	60.0	149.4
16.0	13.63	70.0	233.7
17.0	14.53	80.0	355.1
18.0	15.48	90.0	525.8
19.0	16.48	100	760.0

2) 밀도

온도℃	0	1	2	3	4	5	6	7	8	9
−10	0.99815	0.99843	0.99869	0.99802	0.99912	0.99930	0.99945	0.99958	0.99970	0.99979
0	0.99987	0.99993	0.99997	0.99999	1.00000	0.99999	0.99997	0.99993	0.99988	0.99981
10	0.99973	0.99963	0.99952	0.99940	0.99927	0.99913	0.99897	0.99880	0.99862	0.99843
20	0.99823	0.99802	0.99780	0.99756	0.99732	0.99707	0.99681	0.99654	0.00626	0.99597
30	0.99567	0.99537	0.99505	0.99437	0.99440	0.99406	0.99371	0.99336	0.99299	0.9922

3) 점도 및 표면장력

온도(℃)	0	10	20	30	40	50	60	70	80	90	100
점도(cp)	1.7921	1.307 7	1.0050	0.807	0.6560	0.5494	0.61688	0.4061	0.3565	0.3165	0.2838
표면장력 dyne·cm (공기중)	75.62	74.20	72.75	71.15	69.55	67.90	66.17	64.41	62.60	60.74	58.84

5. 산-염기성 용액의 평형상수(25℃)

일양성자산	이 온 화 식	이온화 상수
아세트산	$HC_2H_3O_2 \rightleftarrows H^+ + C_2H_3O_2^-$	1.8×10^{-5}
벤조산	$HC_7H_5O_2 \rightleftarrows H^+ + C_7H_5O_2^-$	6.0×10^{-5}
다이옥소염소산	$HClO_2 \rightleftarrows H^+ + ClO_2^-$	1.1×10^{-2}
사이안산	$HOCN \rightleftarrows H^+ + OCN^-$	1.2×10^{-4}
폼산	$HCHO_2 \rightleftarrows H^+ + CHO_2^-$	1.8×10^{-4}
아자이드화수소산	$HN_3 \rightleftarrows H^+ + N_3^-$	1.9×10^{-5}
사이안화수소산	$HCN \rightleftarrows H^+ + CN^-$	4.0×10^{-10}
플루오르화수소산	$HF \rightleftarrows H^+ + F^-$	6.7×10^{-4}
차아브롬산	$HOBr \rightleftarrows H^+ + OBr^-$	2.1×10^{-9}
차아염소산	$HOCl \rightleftarrows H^+ + OCl^-$	3.2×10^{-8}
아질산	$HNO_2 \rightleftarrows H^+ + NO_2^-$	4.5×10^{-4}
다양성자산		
비산	$H_3AsO_4 \rightleftarrows H^+ + H_2AsO_4^-$	$K_1 = 2.5\times10^{-4}$
	$H_2AsO_4^- \rightleftarrows H^+ + HAsO_4^{2-}$	$K_2 = 5.6\times10^{-8}$
	$HAsO_4^{2-} \rightleftarrows H^+ + AsO_4^{3-}$	$K_3 = 3\times10^{-13}$
탄산	$CO_2 + H_2O \rightleftarrows H^+ + HCO_3^-$	$K_1 = 4.2\times10^{-7}$
	$HCO_3^- \rightleftarrows H^+ + CO_3^{2-}$	$K_2 = 4.8\times10^{-11}$
황화이수소산	$H_2S \rightleftarrows H^+ + HS^-$	$K_1 = 1.1\times10^{-7}$
	$HS^- \rightleftarrows H^+ + S^{2-}$	$K_2 = 1.0\times10^{-14}$
옥살산	$H_2C_2O_4 \rightleftarrows H^+ + HC_2O_4^-$	$K_1 = 5.9\times10^{-2}$
	$HC_2O_4^- \rightleftarrows H^+ + C_2O_4^{2-}$	$K_2 = 6.4\times10^{-5}$
인산	$H_3PO_4 \rightleftarrows H^+ + H_2PO_4^-$	$K_1 = 7.5\times10^{-3}$
	$H_2PO_4^- \rightleftarrows H^+ + HPO_4^{2-}$	$K_2 = 6.2\times10^{-8}$
	$HPO_4^{2-} \rightleftarrows H^+ + PO_4^{3-}$	$K_3 = 1\times10^{-12}$
아인산	$H_3PO_3 \rightleftarrows H^+ + H_2PO_3^-$	$K_1 = 1.6\times10^{-2}$
(이양성자산)	$H_2PO_3^- \rightleftarrows H^+ + HPO_3^{2-}$	$K_2 = 7\times10^{-7}$
황산	$H_2SO_4 \rightleftarrows H^+ + HSO_4^-$	센 산
	$HSO_4^- \rightleftarrows H^+ + SO_4^{2-}$	$K_2 = 1.3\times10^{-2}$
아황산	$SO_2 + H_2O \rightleftarrows H^+ + HSO_3^-$	$K_1 = 1.3\times10^{-2}$
	$HSO_3^- \rightleftarrows H^+ + SO_3^{2-}$	$K_2 = 5.6\times10^{-8}$
염기		
암모니아	$NH_3 + H_2O \rightleftarrows NH_4^+ + OH^-$	1.8×10^{-5}
아닐린	$C_6H_5NH_2 + H_2O \rightleftarrows C_6H_5NH_3^+ + OH^-$	4.6×10^{-10}
다이메틸아민	$(CH_3)_2NH + H_2O \rightleftarrows (CH_3)_2NH_2^+ + OH^-$	7.4×10^{-4}
하이드라진	$N_2H_4 + H_2O \rightleftarrows N_2H_5^+ + OH^-$	9.8×10^{-7}
메틸아민	$CH_3NH_2 + H_2O \rightleftarrows CH_3NH_3^+ + OH^-$	5.0×10^{-4}
피리딘	$C_5H_5N + H_2O \rightleftarrows C_5H_5NH^+ + OH^-$	1.5×10^{-9}
트라이메틸아민	$(CH_3)_3N + H_2O \rightleftarrows (CH_3)_3NH^+ + OH^-$	7.4×10^{-5}

6. 위험 물질

<폭발성 물질>

물 질	성 질
다량의 산소를 포함하는 물질: 염소산포타슘($KClO_3$), 과산화물:과산화나트륨(Na_2O_2)	갑자기 센 충격이나 고온으로 가열하면 폭발한다. 또 타기 쉬운 것이 혼합해 있으면 폭발성이 더 강하여진다.
중금속의 아세틸리드:구리, 은의 아세틸리드(Cu_2C_2, Ag_2C_2)	건조해 있을 때 폭발성이 크다.
나이트로화합물, 나이트로글리세린, 면화약, T.N.T., 피크린산	센 충격을 주거나 가열하면 심하게 폭발한다.
암모니아성 질산은 용액	공기 속에 방치해 두거나 가열하면 흑색의 사이안산 은이 침전된다(용액을 오래 보존하지 말 것). 강한 폭발성을 가진다.
과산화수소(H_2O_2)의 진한 용액에 금속가루, 탄소가루, 산화물 염소산포타슘($KClO_2$)과 숯가루(C), 황(S), 마그네슘(Mg), 알루미늄(Al) 등의 가루, 유기물	폭발한다. 가열 또는 진한황산을 떨어뜨리면 폭발한다.
과망간산포타슘($KMnO_4$)과 암모니아수 (NH_4OH)	진한 할로겐화질소가 생긴다.
액체 공기, 에터, 알코올, 아세톤	폭발성

<인화성 물질>

물 질	성질과 취급법	보 존
황인(P), 백금흑(Pt), 환원, 니켈(Ni)	공기 속에서 자발적으로 발화하므로 공기속에 방치해서는 안된다.	황인은 물 속에 넣어 둘 것
나트륨(Na), 칼륨(K), 산화칼슘(CaO), 아세틸렌화칼슘(CaC_2)	심하게 물과 반응하여 발화하므로 사용양을 줄일 것	나트륨, 칼륨은 석유속에 넣어둘 것
알코올, 에터, 석유에터, 석유벤젠, 아세톤, 벤젠, 톨루엔,이황화탄소, 코로디온	인화성이 크다. 불을 가까이 하면 위험하다.	실험실에는 다량 두지 말 것
안티모니(Sb)	마찰에 의해서 쉽게 발화한다.	진동이 심한 곳에 두지 말 것

7. 자주 쓰이는 화합물의 독성 비교

화 합 물	위험선(p.p.m)	화 합 물	위험선(p.p.m)
아세트알데하이드	100	일 산 화 탄 소	50
아 세 트 산	10	사 염 화 탄 소	10
아세트산무수물	5	염 소	1
아 세 톤	1,000	클 로 로 벤 젠	75
암 모 니 아	25	클 로 로 폼	25
벤 젠	25	p-다이클로로벤젠	75
브 로 민	0.1	에 틸 알 코 올	1,000
n-뷰 틸 알 코 올	100	핵 산	500
t-뷰 틸 알 코 올	100	아 오 딘	0.1
이 산 화 탄 소	5,000	수 은	0.001
메 틸 알 코 올	200	페 놀	5
나 프 탈 렌	10	톨 루 틴	100

7) "Threshold Limit for Chemical Substances Physical Agents"

American Conference of Govermental Industrial Hygienists Secreatary of Treasurer.

U.S.A. , 1973.

7) 위험선보다 높은 농도이면 몸에 좋지 않음.

8. 상용 대수표

No.	0	1	2	3	4	5	6	7	8	9	1	2	3	4	5	6	7	8	9
10	000	0043	0086	0128	0710	0212	0253	0294	0334	0374	4	8	12	17	21	25	29	33	37
11	0414	0453	0492	0531	0569	0607	0645	0682	0719	0755	4	8	11	15	19	23	26	30	34
12	0792	0828	0864	0899	0934	0969	1004	1038	1072	1106	3	7	10	14	17	21	24	28	31
13	1139	1173	1206	1239	1271	1303	1335	1367	1399	1430	3	6	10	13	16	19	23	26	29
14	1461	1692	1523	1553	1584	0614	1644	1673	1703	1732	3	6	9	12	15	18	21	24	27
15	1761	1790	1818	1847	1875	1903	1931	1959	1987	2014	3	6	8	11	14	17	20	22	25
16	2041	2068	2095	2122	2148	2175	2201	2227	2253	2279	3	5	8	11	13	16	18	21	24
17	2304	2330	2355	2380	2405	2430	2455	2480	2504	2529	2	5	7	10	12	15	17	20	22
18	2553	2577	2601	2625	2648	2627	2695	2718	2742	2765	2	5	7	9	12	14	26	29	21
19	2788	2810	2833	2856	2878	2900	2923	2945	2967	2989	2	4	7	9	11	13	16	18	20
20	3010	3032	3054	3075	3096	3118	3139	3160	3181	3201	2	4	6	8	11	13	15	17	19
21	3222	3243	3263	3284	3304	3324	3345	3365	3385	3404	2	4	6	8	10	12	14	16	18
22	3424	3444	3464	3483	3502	3522	3541	3560	3579	3598	2	4	6	8	10	12	14	15	17
23	3617	3636	3655	3674	3692	3711	3729	3747	3766	3784	2	4	6	7	9	11	13	15	17
24	3802	3820	3838	3856	3874	3892	3909	3972	3945	3962	2	4	5	7	9	11	12	14	16
25	3979	3997	4010	4031	4048	4065	4082	4099	4116	4133	2	3	5	7	9	10	12	14	15
26	4150	4166	4183	4200	4216	4232	4249	4265	4281	4298	2	3	5	7	8	10	11	13	15
27	4314	4330	4346	4362	4378	4393	4409	4425	4440	4456	2	3	5	6	8	9	11	13	14
28	4472	4487	4502	4518	4533	4548	4564	4579	4594	4609	2	3	5	6	8	9	11	12	14
29	4624	4639	4654	4669	4683	4698	4713	4728	4742	4757	1	3	4	6	7	9	10	12	13
30	4771	4786	4800	4814	4829	4843	4857	4871	4886	4900	1	3	4	6	7	9	10	11	13
31	4914	4928	4942	4955	4969	4989	4997	5011	5024	5038	1	3	4	6	7	8	10	11	12
32	5051	5065	5079	5092	5105	5119	5132	5145	5159	5172	1	3	4	5	7	8	9	11	12
33	5185	5198	5211	5224	5237	5250	5263	5276	5289	5302	1	3	4	5	6	8	9	10	12
34	5315	5328	5340	5353	5366	5378	5391	5403	5416	5428	1	3	4	5	6	9	9	10	11
35	5441	5453	5465	5478	5490	5502	5514	5527	5539	5551	1	2	4	5	6	7	9	10	11
36	5563	5575	5587	5599	5611	5623	5635	5647	5658	5670	1	2	4	5	6	7	8	10	11
37	5682	5694	5705	5717	5729	5740	5752	5763	5775	5786	1	2	3	5	6	7	8	9	10
38	5798	5809	5821	5832	5843	5855	5866	5877	5888	5899	1	2	3	5	6	7	8	9	10
39	5911	5922	5933	5944	5955	5966	5977	5988	5999	6010	1	2	3	4	5	7	8	9	10
40	6021	6031	6042	6035	6064	6075	6085	6096	6107	6117	1	2	3	4	5	6	8	9	10
41	6128	6138	6149	6160	6170	6180	6191	621	6212	6222	1	2	3	4	5	6	7	8	9
42	6232	6243	6253	6263	6274	6284	6294	6304	6314	6325	1	2	3	4	5	6	7	8	9
43	6335	6345	6355	6365	6375	6386	6395	6405	6415	6425	1	2	3	4	5	6	7	8	9
44	6435	6444	6454	6464	6474	6484	6493	6503	6513	6522	1	2	3	4	5	6	7	8	9
45	6532	6542	6551	6561	6571	6580	6590	6599	6609	6618	1	2	3	4	5	6	7	8	9
46	6628	6638	6646	6656	6665	6675	6684	6693	6702	6712	1	2	3	4	5	6	7	7	8
47	6721	6730	6739	6749	6758	6767	6776	6785	6794	6803	1	2	3	4	5	5	6	7	8
48	6812	6821	6830	6839	6848	6857	6866	6875	6884	6893	1	2	3	4	4	5	6	7	8
49	6902	6911	6920	6928	6937	6946	6955	6964	6972	6981	1	2	3	4	4	5	6	7	8
No.	0	1	2	3	4	5	6	7	8	9	1	2	3	4	5	6	7	8	9

No.	0	1	2	3	4	5	6	7	8	9	1	2	3	4	5	6	7	8	9
50	6990	6998	7007	7016	7204	7033	7042	7050	7059	7067	1	2	3	3	4	5	6	7	8
51	7076	7084	7903	7101	7110	7118	7126	7135	7143	7152	1	2	3	3	4	5	6	7	8
52	7160	7168	7177	7185	7193	7202	7210	7218	7226	7235	1	2	2	3	4	5	6	7	7
53	7243	7251	7259	7267	7275	7284	7292	7300	7308	7316	1	2	2	3	4	5	6	6	7
54	7324	7332	7340	7348	7356	7364	7372	7380	7388	7396	1	2	2	3	4	5	6	6	7
55	7404	7412	7419	7427	7435	7443	7451	7459	7466	7474	1	2	2	3	4	5	7	8	9
56	7482	7490	7497	7505	7513	7520	7528	7536	7543	7551	1	2	2	3	4	5	5	6	7
57	7559	7566	7574	7582	7589	7597	7604	7612	7619	7627	1	2	2	3	4	5	6	7	8
58	7634	7642	7649	7657	7664	7672	7679	7684	7694	7701	1	1	2	3	4	4	5	6	7
59	7709	7716	7723	7731	7738	7745	7754	7760	7767	7774	1	1	2	3	4	4	5	6	7
60	7782	7789	7796	7803	7810	7818	7825	7832	7839	7846	1	1	2	3	4	4	5	6	6
61	7853	7860	7868	7875	7882	7889	7896	7903	7910	7917	1	1	2	3	4	4	5	5	6
62	7924	7931	7938	7945	7952	7959	7966	7973	7980	7987	1	1	2	3	3	4	5	5	6
63	7992	8000	8007	8014	8021	8028	8035	8041	8048	8055	1	1	2	3	3	4	5	5	6
64	8062	8069	8075	8082	8089	8096	8102	8109	8116	8122	1	1	2	3	3	4	5	5	6
65	8129	8136	8142	8149	8156	8162	8169	8176	8172	8189	1	1	2	3	3	4	5	5	6
66	8195	8202	8209	8215	8222	8228	8235	8241	8248	8254	1	1	2	3	3	4	5	5	6
67	8261	8267	8274	8280	8287	8293	8299	8306	8312	8319	1	1	2	3	3	4	5	5	6
68	8325	8331	8338	8344	8351	8357	8363	8370	8376	8382	1	1	2	3	3	4	4	5	6
69	8388	8395	8401	8407	8414	8420	8426	8432	8439	8445	1	1	2	2	3	4	4	5	6
70	8451	8457	8463	8470	8476	8482	8488	8494	8500	8506	1	1	2	2	3	4	4	5	6
71	8513	8519	8525	8531	8537	8543	8549	8555	8561	8567	1	1	2	2	3	4	4	5	5
72	8573	8579	8585	8591	8597	8603	8609	8615	8621	8627	1	1	2	2	3	4	4	5	5
73	8633	8639	8645	8651	8657	8663	8669	8675	8681	8686	1	1	2	2	3	4	4	5	5
74	8692	8698	8704	8710	8716	8722	8727	8733	8739	8745	1	1	2	2	3	4	4	5	5
75	8751	8756	8762	8768	8774	8779	8785	8791	8797	8802	1	1	2	2	3	3	4	5	5
76	8808	8814	8820	8825	8831	8837	8842	8848	8854	8859	1	1	2	2	3	3	4	5	5
77	8865	8871	8876	8882	8887	8893	8899	8904	8910	8915	1	1	2	2	3	3	4	4	5
78	8921	8927	8932	8938	8943	8949	8954	8960	8965	8971	1	1	2	2	3	3	4	4	5
79	8976	8982	8987	8993	8998	9004	9009	9015	9020	9025	1	1	2	2	3	3	4	4	5
80	9031	9036	9042	9047	9053	9058	9063	9069	9074	9097	1	1	2	2	3	3	4	4	5
81	9085	9090	9096	9101	9106	9112	9117	9122	9128	9133	1	1	2	2	3	3	4	4	5
82	9138	9143	9149	9154	9159	9165	9170	9175	9180	9186	1	1	2	2	3	3	4	4	5
83	9191	9196	9291	9206	9212	9217	9222	9227	9232	9238	1	1	2	2	3	3	4	4	5
84	9243	9248	9253	9258	9263	9269	9274	9279	9284	9289	1	1	2	2	3	3	4	4	5
85	9294	9299	9304	9309	9315	9320	9325	9330	9335	9340	1	1	2	2	3	3	4	4	5
86	9345	9350	9355	9360	9365	9370	9375	9380	9385	9390	1	1	2	2	3	3	4	4	5
87	9395	9400	9405	9410	9415	9420	9425	9430	9435	9440	0	1	1	2	2	3	3	4	4
88	9445	9450	9455	9460	9465	9469	9474	9479	9484	9489	0	1	1	2	2	3	3	4	4
89	9494	9499	9504	9509	9513	9518	9523	9528	9533	9538	0	1	1	2	2	3	3	4	4
90	9542	9547	9552	9557	9562	9566	9571	9576	9581	9586	0	1	1	2	2	3	3	4	4
91	9590	9595	9600	9605	9609	9614	9619	9624	9628	9633	0	1	1	2	2	3	3	4	4
92	9638	9643	9647	9652	9657	9661	9666	9671	9675	9680	0	1	1	2	2	3	3	4	4
93	9685	9689	9676	9699	9703	9708	9713	9717	9722	9727	0	1	1	2	2	3	3	4	4
94	9731	9736	9741	9745	9750	9754	9759	9763	9768	9773	0	1	1	2	2	3	3	4	4
No,	0	1	2	3	4	5	6	7	8	9	1	2	3	4	5	6	7	8	9

No.	0	1	2	3	4	5	6	7	8	9	1	2	3	4	5	6	7	8	9
95	9777	9782	9786	9791	9795	9800	9805	9809	9814	9818	0	1	1	2	2	3	3	4	4
96	9823	9827	9832	9836	9841	9845	9850	9854	9859	9863	0	1	1	2	2	3	3	4	4
97	9868	9872	9877	9881	9886	9890	9894	9899	9903	9908	0	1	1	2	2	3	3	4	4
98	9912	9917	9921	9926	9930	9934	9939	9943	9948	9952	0	1	1	2	2	3	3	4	4
99	9956	9961	9965	9969	9974	9978	9983	9987	9991	9996	0	1	1	2	2	3	3	3	4
No.	0	1	2	3	4	5	6	7	8	9	1	2	3	4	5	6	7	8	9

9. 자주 쓰이는 화합물의 화학식량

화 합 물	화학식량	화 합 물	화학식량
$AgBr$	187.78	R_2Cr_2O	294.19
$AgCl$	143.32	$K_3Fe(CN)_6$	329.26
Ag_2CrO_4	331.73	$K_4Fe(CN)_6$	368.38
AgI	234.77	$KHC_8H_4O_4$(Phthalate)	204.23
$AgNO_3$	1659.87	$KH(IO_3)_2$	389.92
$AgSCN$	165.95	K_2HPO_4	174.18
Al_2O_3	101.96	KH_2PO_4	136.09
$Al_2(SO_4)_3$	342.14	$KHSO_4$	136.17
As_2O_3	197.85	KI	166.01
B_2O_3	69.62	KIO_3	214.00
$BaCO_3$	197.35	KIO_4	230.00
$BaCl_2 \cdot 2H_2O$	244.28	$KMnO_4$	158.04
$BaCrO_4$	253.33	KNO_3	101.11
$Ba(IO_3)_2$	487.14	KOH	56.11
$Ba(OH)_2$	171.36	$KSCN$	97.18
$BaSO_4$	233.40	K_2SO_4	174.27
Bi_2O_3	466.0	$La(IO_3)_3$	663.62
CO_2	44.01	$Mg(C_9H_6OH)_2$	312.59
$CaCO_3$	100.09	$MgCO_3$	84.32
CaC_2O_4	128.10	$MgNH_4PO_4$	137.35
CaF_2	78.08	MgO	40.31
CaO	56.08	$Mg_2P_2O_7$	222.57
$CaSO_4$	136.14	$MgSO_4$	120.37
$Ce(HSO_4)_4$	528.4	MnO_2	86.94
CeO_2	172.12	Mn_2O_3	157.88
$Ce(HSO_4)_2$	332.25	Mn_3O_4	228.81
$(NH_4)_2Ce(NO_3)_6$	548.23	$Na_2B_4O_7 \cdot 10H_2O$	381.37
$(NH_4)_4Ce(SO_4)_4 \cdot 2H_2O$	632.6	$NaBr$	102.90
Cr_2O_3	151.99	$NaC_2H_3O_2$	82.03
CuO	79.54	$Na_2C_2O_4$	134.00
Cu_2O	143.08	$NaCl$	58.44
$CuSO_4$	159.60	$NaCN$	49.01
$Fe(NH_4)_2(SO_4)_2 \cdot 6H_2O$	392.14	Na_2CO_3	105.99
FeO	71.85	$NaHCO_2$	84.01
Fe_2O_3	159.69	$Na_2H_2EDTA \cdot 2H_2O$	372.2
Fe_3O_4	231.54	Na_2O_2	77.98
HBr	80.92	$NaOH$	40.00
$HC_2H_3O_2$(acetic acid)	60.05	$NaSCN$	81.07
$HC_7H_5O_2$(benzoic acid)	122.12	Na_2SO_4	142.04

화 합 물	화학식량	화 합 물	화학식량
HCl	36.46	$Na_2S_2O_3 \cdot 5H_2O$	248.18
$HClO_4$	100.46	NH_4Cl	53.49
$H_2C_2O_4 \cdot 2H_2O$	126.07	$(NH_4)_2C_2O_4 \cdot H_2O$	142.11
H_5IO_6	227.94	NH_4NO_3	80.04
HNO_3	63.01	$(NH_4)_2SO_4$	132.14
H_2O	18.015	$(NH_4)_2S_2O_8$	228.18
H_2O_2	34.01	NH_4VO_3	116.98
H_3PO_4	98.00	$Ni(C_4H_6O_2N_2)_2$	286.91
H_2S	34.08	$PbCrO$	323.18
H_2SO_3	82.08	PbO	223.19
H_2SO_4	98.08	PbO_2	239.19
HgO	216.59	$PbSO_4$	303.25
Hg_2Cl_2	472.09	P_2O_5	141.94
$HgCl_2$	271.09	Sb_2S_3	339.69
KBr	119.01	SiO_2	60.08
$KBrO_3$	167.01	$SnCl_2$	189.60
KCl	74.56	SnO_2	150.69
$KClO_3$	122.55	SO_2	64.06
KCN	65.12	SO_3	80.06
K_2CrO_4	194.20	$Zn_2P_2O_7$	304.68

일반화학실험 개정판

발행일 2020년 2월 25일 개정판 1쇄 발행
저 자 일반화학실험교재연구회
발행인 강성관
발행처 드림플러스

주 소 우 03959 서울시 마포구 월드컵로 29길 76
전 화 02-2164-1880
팩 스 02-302-0445
메 일 dream-plus@dream-plus.co.kr
신 고 2011. 7.26 제 406-2011-00097호

ISBN 9788997546442(93430)
가 격 17,000원

이 도서의 국립중앙도서관 출판예정도서목록(CIP)은 서지정보유통지원시스템 홈페이지(http://seoji.nl.go.kr)와 국가자료공동목록시스템(http://www.nl.go.kr/koslinet)에서 이용하실 수 있습니다.
(CIP제어번호: CIP2020007323)